稀磁半导体 $Al_{14}Mn_2N_{16}$ 的力磁性能

董鹏飞 著

中国铁道出版社有限公司
CHINA RAILWAY PUBLISHING HOUSE CO., LTD.

内 容 简 介

本书内容包含 $Al_{14}Mn_2N_{16}$的晶体结构研究、蒙特卡洛方法研究 $Al_{14}Mn_2N_{16}$的居里温度、外加应变对 $Al_{14}Mn_2N_{16}$的力学性质和磁学性质的调控效应研究、外加应变作用下 $Al_{14}Mn_2N_{16}$超晶胞中 Mn 原子链的变形行为研究。

本书聚集原子尺度范围内 Mn 原子链的变形行为研究，同时研究了海森堡平均场模型和蒙特卡洛方法计算稀磁半导体的居里温度，并通过详细的理论研究给出了海森堡平均场模型计算结果总是偏高的原因。本书第 2 ~5 章彩图可扫二维码观看。

本书可作为材料学、物理学博士研究生和硕士研究生的参考书，也可供磁性材料设计人员参考。

图书在版编目（CIP）数据

稀磁半导体 $Al_{14}Mn_2N_{16}$的力磁性能 / 董鹏飞著.
北京 ：中国铁道出版社有限公司，2025. 5. -- ISBN
978-7-113-32067-6

Ⅰ. TM27

中国国家版本馆 CIP 数据核字第 2025LH7575 号

书　　名：**稀磁半导体 $Al_{14}Mn_2N_{16}$的力磁性能**
作　　者：董鹏飞

策　　划：曾露平　　　　**编辑部电话**：(010)63551926
责任编辑：曾露平　杨万里
封面设计：刘　莎
责任校对：刘　畅
责任印制：赵星辰

出版发行：中国铁道出版社有限公司（100054，北京市西城区右安门西街 8 号）
网　　址：https://www.tdpress.com/51eds
印　　刷：北京铭成印刷有限公司
版　　次：2025 年 5 月第 1 版　2025 年 5 月第 1 次印刷
开　　本：787 mm × 1 092 mm　1/16　**印张**：6　**字数**：140 千
书　　号：ISBN 978-7-113-32067-6
定　　价：35.00 元

前　言

AlN 具有耐高温、高热导率、高化学稳定性等诸多优异的物理和化学性能，这使得 AlN 基半导体成为一类具有广泛应用价值的材料。通过在 AlN 中掺杂过渡金属，探索、开发具备优良性质且性质可调控的新型稀磁半导体材料是一项有价值和意义的工作。

最近十多年，将磁性原子或非磁性原子掺杂到 AlN 中以获得优良力学性质和磁学性质的研究逐年增加。第四周期的过渡金属 Mn，由于其原子结构具有未充满的 3d 电子层，表现出复杂且良好的磁学性质，受到广大研究人员的青睐。本书基于第一性原理，使用 CASTEP 软件包，在 AlN 中掺杂 Mn，形成稀磁半导体 $Al_{14}Mn_2N_{16}$，研究了 $Al_{14}Mn_2N_{16}$ 的力学性质和磁学性质，并对 $Al_{14}Mn_2N_{16}$ 分别施加单轴应变和均匀双轴应变，研究应变对 $Al_{14}Mn_2N_{16}$ 力学性质和磁学性质的调控效应，通过系统化的研究得到了一些有意义的结论。本书主要内容如下：

第 1 章为密度泛函理论，讲述第一性原理的基础知识；第 2 章为计算软件与计算方法，讲述 CASTEP 软件的基本使用方法及如何进行稀磁半导体材料力学和磁学性质的详细计算过程；第 3 章为无应变时 $Al_{14}Mn_2N_{16}$ 的力学性质与磁学性质；第 4 章为单轴应变调控 $Al_{14}Mn_2N_{16}$ 的力学与磁学性质；第 5 章为双轴应变调控 $Al_{14}Mn_2N_{16}$ 的力学与磁学性质。第 4 章和第 5 章详细论述了外加应变对 $Al_{14}Mn_2N_{16}$ 的力学性质和磁学性质的调控效应，并详细论述了 $Al_{14}Mn_2N_{16}$ 的宏观力学性质、宏观磁学性质、原子尺度范围 $Al_{14}Mn_2N_{16}$ 超晶胞中 Mn 原子链的变形行为；同时利用海森堡平均场模型和蒙特卡洛方法研究 $Al_{14}Mn_2N_{16}$ 的居里温度，分析了海森堡平均场模型的计算值总是偏高的原因，同时揭示了两种方法计算的居里温度随应变的变化规律一致的特性。

本书由呼和浩特民族学院董鹏飞著。本书获得了内蒙古自治区直属高校基本科研业务费项目资助（基金号：ZSQNTS202416），并在编写过程中得到了呼和浩特民族学院数学与大数据学院以及内蒙古工业大学闫在在教授的大力支持，在此一并表示诚挚的感谢。

由于著者水平有限，书中难免存在不当之处，恳请读者提出宝贵意见。

著　者
2024 年 11 月

目　录

第1章　密度泛函理论

1.1　量子力学基本理论

1.1.1　薛定谔方程

微观粒子具有波粒二象性，其状态可用波函数来描述，物理学家薛定谔(A. Schrödinger)于1926年指出：在势场 $V(r)$ 中运动的微观粒子，其波函数 Ψ 满足式(1-1)的微分方程。

$$\left[-\frac{\hbar^2}{2m}\nabla^2 + V(r)\right]\Psi = \mathrm{i}\hbar\frac{\partial}{\partial t}\Psi \tag{1-1}$$

式中，m 是粒子的质量；$\hbar = \frac{h}{2\pi}$，$h = 6.626\times10^{-34}$ J·s，h 称为普朗克常数。式(1-1)称为薛定谔方程(或称波动方程)[1]，薛定谔方程是量子力学的基本方程，用于描述微观粒子的运动规律。薛定谔方程并非经过严谨的理论证明得到的，但是实验观测的结果与用该方程求解得出的结论相符，实验结果与理论结果相符证明了薛定谔方程是正确的。

作用于微观体系的势场记为 $V(r)$，假设 $V(r)$ 与时间 t 无关，可利用分离变量法求解薛定谔方程，令

$$\Psi(r,t) = \Phi(r)f(t) \tag{1-2}$$

将式(1-2)代入方程(1-1)中得到

$$\frac{1}{\Phi}\left[-\frac{\hbar^2}{2m}\nabla^2\Phi + V(r)\Phi\right] = \frac{\mathrm{i}\hbar}{f}\frac{\partial f}{\partial t} \tag{1-3}$$

式(1-3)的左边只与 r 有关，右边只与时间 t 有关，r 和 t 均为独立变量，因此，当且仅当两边同时等于某一常数时，等式才能满足，令这个常数为 E，上式便分为式(1-4)和式(1-5)两个方程。

$$-\frac{\hbar^2}{2m}\nabla^2\Phi + V(r)\Phi = E\Phi \tag{1-4}$$

$$\mathrm{i}\hbar\frac{\partial f}{\partial t} = Ef \tag{1-5}$$

方程(1-5)的解为

$$f(t) = C\mathrm{e}^{-\frac{\mathrm{i}E}{\hbar}t} \tag{1-6}$$

式(1-6)中 C 为任一常数。将这一结果代入式(1-2)中，把常数 C 并入 $\Phi(r)$ 中，就得到薛定谔方程(1-1)的特解

$$\Psi(r,t) = \Phi(r)\mathrm{e}^{-\frac{\mathrm{i}E}{\hbar}t} \tag{1-7}$$

可见式(1-7)表示的波函数 $\Psi(r,t)$ 是关于时间 t 的正弦函数，$\omega = E/\hbar$ 为角频率，根据德布罗意关系，常数 E 表示了处于这个波函数所描述的状态时体系具有的能量。微观体系能量的 E

具有确定值的状态称之为定态，对应地，式(1-7)表示的波函数 $\Psi(r,t)$ 叫作定态波函数，从而式(1-4)称为定态薛定谔方程，从定态波函数 $\Psi(r,t)$ 的表达式可以看出，在定态中概率密度仅仅与坐标 r 有关，与时间 t 无关。

原子体系质心的运动是自由粒子式的简单运动，在研究原子体系时，人们关注的是原子内部的运动状态，即核外电子相对于原子核的运动状态，因此，人们将原子中电子相对于核运动的能量（电子的能级）称为原子能级，描述电子相对于原子核运动的波函数称为原子波函数。

求解体系可能具有的能量 E 和描述体系状态的波函数 $\Psi(r,t)$ 是量子力学中最基本的问题，即求解薛定谔方程。对于不同的物理问题，由于微观体系的势场 $V(r)$ 不同，因此描述微观体系的薛定谔方程也不同。在遇到的量子力学问题中，只有少数问题可以准确求解，由于体系的势场复杂，因此哈密顿算符也复杂，导致许多问题可以写出薛定谔方程，却不能求出其精确解，只能求近似解，因此，量子力学中用来求解物理问题近似解的方法（近似方法）就至关重要。近似方法一般是先求解简单问题的精确解，再根据这个精确解求得复杂问题的近似解。

1.1.2 Born-Oppenheimer 近似

Born-Oppenheimer 近似也叫作绝热近似。在不考虑体系外场的作用时，组成分子和固体的多粒子系统，其哈密顿量包含所有粒子（全部原子核和全部电子）的动能以及这些粒子间的相互作用能，因此哈密顿算符可以写为

$$H = H_e + H_N + H_{e\text{-}N} \tag{1-8}$$

式中，H_e 为所有电子的动能 T_e 和电子之间的库仑相互作用 $V_{e\text{-}e}$，是电子坐标 r 的函数，见式(1-9)；H_N 为所有原子核的动能 T_N 和原子核之间的库仑相互作用 $V_{N\text{-}N}$，是原子核坐标 R 的函数，见式(1-10)；$H_{e\text{-}N}$ 为所有电子与原子核之间的相互作用 $V_{e\text{-}N}$，见式(1-11)；用 r 表示所有电子坐标的集合，用 R 表示所有核坐标的集合，则有

$$H_e(r) = T_e(r) + V_{e\text{-}e}(r) \tag{1-9}$$

$$H_N(R) = T_N(R) + V_{N\text{-}N}(R) \tag{1-10}$$

$$H_{e\text{-}N}(r,R) = V_{e\text{-}N}(r,R) \tag{1-11}$$

$H_{e\text{-}N}$ 中电子坐标 r 和核坐标 R 同时出现，且电子与核的相互作用与其他相互作用数量级相同，因此不能忽略不计。电子质量为 9.11×10^{-31} kg，质子质量为 1.67×10^{-27} kg，质子质量是电子质量的 1 800 多倍，因此原子核质量比电子质量大 3 ~ 5 个数量级，根据动量守恒定理可以推断，电子的运动速度一定是远远大于原子核的运动速度，电子运动状态表现为高速运动状态，而原子核的运动状态表现为在它们的平衡位置附近振动，电子几乎绝热于核运动，而原子核的运动表现出慢慢地跟上电子分布的变化，因此波恩（M. Born）和奥本海墨（J. E. Oppenheimer）提出将整个问题分开研究，分别研究电子的运动和核的运动，研究电子运动时认为原子核处在它们的瞬时位置上，而研究原子核的运动时则不考虑电子在空间的具体分布，这就是绝热近似，也称为 Born-Oppenheimer 近似。

多粒子系统的薛定谔方程为

$$H\Psi(r,R) = E^H\Psi(r,R) \tag{1-12}$$

在绝热近似下的解为

$$\Psi(r,R) = \chi(R)\Phi(r,R) \tag{1-13}$$

式(1-13)中,$\chi(R)$是系统中全部原子核运动的波函数,$\Phi(r,R)$是系统中全部电子运动的波函数。电子波函数 $\Phi(r,R)$是系统中电子部分的哈密顿算符

$$H_0(r,R) = H_e(r) + V_{N\text{-}N}(R) + H_{e\text{-}N}(r,R) \tag{1-14}$$

对应薛定谔方程

$$H_0(r,R)\Phi(r,R) = E(R)\Phi(r,R) \tag{1-15}$$

的解,原子核的瞬时位置坐标在电子波函数中作为参数出现。

将式(1-13)代入方程(1-12)中,得到核波函数满足的薛定谔方程,即

$$[T(R) + E(R)]\chi(R) = E^{H}\chi(R) \tag{1-16}$$

这个方程表明,原子核在势函数为 $E(R)$的势阱中运动,解电子系统的薛定谔方程得到电子波函数 $\Phi(r,R)$和电子总能量 $E(R)$,以电子总能量 $E(R)$作为核运动的势函数,解核的薛定谔方程(1-16),得到核波函数$\chi(R)$。

1.1.3 哈特利-福克自洽场方法

通过 Born-Oppenheimer 近似,将多粒子系统中原子核的运动与电子的运动分开,分别进行研究。在研究电子运动时,认为原子核是固定的,电子在原子核形成的势场中运动。若原子核的相对位置发生变化,电子的运动状态将也会随着改变,因此电子系统的能量必须要考虑原子核之间的排斥能。原子核的位置决定了原子核之间的排斥能 $V_{N\text{-}N}(R)$,对于原子核位置确定的体系,则 $V_{N\text{-}N}(R)$是常数,它不影响电子波函数,只影响电子系统的总能量,所以在求解电子波函数和电子能量时,先不考虑原子核之间的排斥能,最后再将原子核之间排斥能加到电子能量中。

电子的薛定谔方程见式(1-17)。

$$\left[-\frac{1}{2}\sum_i \nabla_i^2 + \sum_i V(r_i) + \frac{1}{2}\sum_{i,j}{}' \frac{1}{|r_i - r_j|}\right]\Phi = E\Phi \tag{1-17}$$

多电子系统的哈密顿算符可分成两部分,见式(1-18)。

$$H = \sum_i H_i + \sum_{i,j}{}' H_{ij} \tag{1-18}$$

式中

$$H_i = -\frac{1}{2}\nabla_i^2 + V(r_i) \tag{1-19}$$

$$H_{ij} H \nabla_{ij}^2 = \frac{1}{2}\frac{1}{|r_i - r_j|} \quad (i \neq j) \tag{1-20}$$

式(1-17)中,$\sum_{i,j}{}'$ 表 示分别对 i、j 求和,但不包括 $i=j$ 项。H_i称为单电子算符,包含单电子动能和原子核对单电子的作用势,只是单电子坐标的函数;H_{ij}称为双电子算符,是两电子间的相互作用势,是双电子坐标的函数。多电子系统的哈密顿算符中含有双电子算符,简单地用分离变量法显然不能求出薛定谔方程的精确解,因此,只能考虑如何近似求解薛定谔方程。

哈特利(Hartree)提出,以单电子波函数 $\varphi_i(r_i)$的连乘积

$$\Phi(r) = \varphi_1(r_1)\varphi_2(r_2)\cdots\varphi_i(r_i)\cdots\varphi_m(r_m) \tag{1-21}$$

作为多电子系统薛定谔方程的近似解,这种近似称为哈特利近似。式(1-21)形式的波函数称

为哈特利波函数，其中 $\varphi_i(r_i)$ 表示位于 r_i 处的第 i 个电子处于状态 φ_i。

电子是费米子，自旋量子数为 $\frac{1}{2}$，由全同粒子系统的性质可知，多电子系统的波函数应该具有交换反对称性。虽然哈特利波函数满足泡利不相容原理，即没有两个电子处于同一状态，但哈特利波函数仅仅具有交换对称性，不具有交换反对称性。多电子系统的波函数必须具有交换反对称性，因此福克(Fock)和斯莱特(Slater)分别独立地提出，处于位矢 $r_1, r_2, \cdots, r_m$ 的 N 电子系统，其近似波函数为形如式(1-22)的 Slater 行列式。

$$\Phi(r) = \frac{1}{\sqrt{N!}} \begin{vmatrix} \varphi_1(q_1) & \varphi_2(q_1) & \cdots & \varphi_N(q_1) \\ \varphi_1(q_2) & \varphi_2(q_2) & \cdots & \varphi_N(q_2) \\ \vdots & \vdots & & \vdots \\ \varphi_1(q_N) & \varphi_2(q_N) & \cdots & \varphi_N(q_N) \end{vmatrix} \tag{1-22}$$

其中，$\varphi_i(q_i)$ 表示第 i 个电子在坐标 q_i 处的归一化波函数，这里 q_i 已包含电子的位置 r_i 和自旋，这种近似称为福克近似。福克近似所采用的波函数既满足泡利不相容原理又满足交换反对称性，两电子具有相同状态相当于 Slater 行列式之中的两列相等，则波函数 $\Phi = 0$；交换两个电子相当于交换 Slater 行列式的两行，使波函数 Φ 改变符号。福克近似的实质是多电子系统的波函数可以用归一化的单电子波函数的乘积线性组合，该方法组合的波函数具有交换反对称性。

采用福克近似，系统的哈密顿算符在 Slater 行列式上的平均值 $\overline{H}$ 等于系统能量的期望值 E，即

$$E = \overline{H} = \sum_i \int \mathrm{d}r_1 \varphi_i^*(q_i) H_i \varphi_i(q_1) + \frac{1}{2} \sum_{i,j}{}' \iint \mathrm{d}r_1 \mathrm{d}r_2 \frac{|\varphi_i(q_1)|^2 |\varphi_j(q_2)|^2}{|r_1 - r_2|} - \frac{1}{2} \sum_{i,j}{}' \iint \mathrm{d}r_1 \mathrm{d}r_2 \frac{\varphi_i^*(q_1)\varphi_j^*(q_2)\varphi_i(q_1)\varphi_j(q_2)}{|r_1 - r_2|} \tag{1-23}$$

其中第一项对应的是单电子算符的能量，第二项对应的是电子库仑能，第三项对应的是电子交换能，是多电子系统波函数交换反对称造成的。若采用哈特利近似，系统的能量只包含式(1-23)的前两项，不包含电子交换能。

根据变分原理可知，系统能量 E 的极小值一定能由最佳单电子波函数 φ_i 构成的波函数 Φ 给出。将 E 对 φ_i 做变分，以 E_i 为拉格朗日乘子，得到单电子波函数应满足的微分方程

$$\left[-\frac{1}{2}\nabla^2 + V(r)\right]\varphi_i(r) + \sum_{j(\neq i)} \int \mathrm{d}r' \frac{|\varphi_j(r')|^2}{|r - r'|} \varphi_i(r) + \sum_{j(\neq i)} \int \mathrm{d}r' \frac{\varphi_j^*(r')\varphi_i(r')}{|r - r'|} \varphi_j(r) = E_i \varphi_i(r) \tag{1-24}$$

式(1-24)表示的单电子方程称为哈特利-福克(Hartree-Fock)方程。哈特利-福克方程左边第一项是单电子动能和原子核对单电子的作用项，第二项是电子库仑相互作用项，第三项是电子交换相互作用项。“|·|”表示求和只对与 φ_i 有平行自旋的 φ_j 进行，即只包含自旋平行的电子间的交换作用。

定义电荷分布为

$$\rho(r') = \sum_i \rho_i(r') = -\sum_i |\varphi_i(r')|^2 \tag{1-25}$$

定义交换电荷分布为

$$\rho_i^{\mathrm{HF}}(r,r') = -\sum_{j\neq i}\frac{\varphi_j^*(r')\varphi_i(r')\varphi_i^*(r)\varphi_j(r)}{\varphi_i^*(r)\varphi_j(r)} \tag{1-26}$$

利用电荷分布和交换电荷分布，哈特利-福克方程写成如下形式：

$$\left[-\frac{1}{2}\nabla^2 + V(r) + \int \mathrm{d}r'\frac{\rho(r') - \rho_i^{\mathrm{HF}}(r,r')}{|r-r'|}\right]\varphi_i(r) = E_i\varphi_i(r) \tag{1-27}$$

式(1-27)表明，电子在原子核和其他电子形成的势场 $U(r)$ 中运动，即

$$U(r) = V(r) + \int \mathrm{d}r'\frac{\rho(r') - \rho_i^{\mathrm{HF}}(r,r')}{|r-r'|} \tag{1-28}$$

因势函数 $U(r)$ 的电子相互作用项(第二项)含有方程的解 φ_i，只能用迭代法求解哈特利-福克方程。先设计哈特利-福克方程的初解，一组单电子态$\{\varphi_i\}$，根据所设计的单电子态求出势函数，解方程得到更好的$\{\varphi_i\}$，重复这一过程，直到$\{\varphi_i\}$在所考虑的计算精度内不再变化，即由势场决定的单电子态与由单电子态求出的势场之间达到自洽，这就是哈特利-福克自洽场近似方法。

对于含有大量电子的系统，哈特利-福克方程可以用 ρ_i^{HF} 对 i 取平均值的方法来简化，用 ρ^{HF} 代替 ρ_i^{HF}，即

$$\rho_i^{\mathrm{HF}} = \rho^{\mathrm{HF}} = \sum_i \frac{\varphi_i^*(r)\varphi_i(r)\rho_i^{\mathrm{HF}}(r,r')}{\sum_i \varphi_i^*(r)\varphi_i(r)} \tag{1-29}$$

于是，式(1-27)可改写成单电子有效势方程，即

$$\left[-\frac{1}{2}\nabla^2 + V_{\mathrm{eff}}(r)\right]\varphi_i(r) = E_i\varphi_i(r) \tag{1-30}$$

其中

$$V_{\mathrm{eff}}(r) = V(r) + \int \mathrm{d}r'\frac{\rho(r') - \rho^{\mathrm{HF}}(r,r')}{|r-r'|} \tag{1-31}$$

利用哈特利-福克近似，可以将多电子系统的薛定谔方程简化为单电子有效势方程。哈特利-福克近似又称为单电子近似，其本质是将每个电子的运动近似成单个电子在一个有效势场中的独立运动。在哈特利-福克近似中，有效势包含了电子与电子的库仑排斥作用、电子与电子的交换相互作用、原子核对电子的静电吸引作用。

1.2 密度泛函理论

1.2.1 从波函数到密度泛函理论

实际问题中所遇到的系统主要是多粒子系统，例如多电子原子、分子和固体，系统中含有多个或大量的粒子(原子核和电子)。由于多粒子系统中的粒子间存在相互作用，对于多粒子系统的电子能级的计算必须采用近似和简化。所采用的近似主要有：

(1)绝热近似，将原子核的运动和电子的运动分开。

(2)哈特利-福克自洽场近似，将多电子问题转化为单电子问题。

密度泛函理论是求解单电子问题的更严格、更精确的理论，它为多电子问题转化为单电子问题提供了理论基础，并且已成为计算分子、固体的电子结构和总能量的有力工具，因此，密度泛函理论是研究多粒子系统理论基态的重要方法。

固体是凝聚态物理和材料科学的主要研究对象，每立方厘米固体中含有原子核和电子的数量达到 10^{23} 数量级，固体的电子结构与原子的电子能级结构完全不同，已变成能带结构。实验结果表明，固体的许多力、热、光、电、磁学性质与固体的能带结构有关，因此，若要解释这些物理性质，需对具体系统的能带有所了解。对固体能带进行计算，除了采用上述近似外，还要把固体中电子的势能函数近似成具有晶格周期性的函数，将能带问题转化为单电子在周期性势场中运动的问题。

1.2.2 Hohenberg-Kohn 定理

密度泛函理论源于 H. Thomas 和 E. Fermi 在 1927 年的工作，基本思想是用粒子数密度来表示原子、分子和固体的基态物理性质，P. Hohenberg 和 W. Kohn 提出的非均匀电子气理论是密度泛函的理论基础，可归结为以下两个基本定理：

定理一：不计自旋的全同费米子系统的基态能量是粒子数密度 $\rho(r)$ 的唯一泛函。也就是说，多粒子系统的所有基态性质、能量、波函数以及所有算符的期望值等，都是密度函数的唯一泛函，都由密度函数唯一确定。

定理二：能量泛函 $E[\rho]$ 在粒子数不变条件下对粒子数密度函数 $\rho(r)$ 取极小值，并等于基态能量。

这两个定理统称为 Hohenberg-Kohn 定理。定理一说明粒子数密度函数是确定多粒子系统基态物理性质的基本变量，多粒子系统的所有基态物理性质，如能量、波函数以及所有算符的期望值，都由粒子数密度函数统一确定。定理二表明，如果得到了基态粒子数密度函数，就能够确定能量泛函的极小值，并且这个极小值等于基态的能量，因此能量泛函对粒子数密度的变分是确定系统基态的途径。

基态非简并、不计自旋的费米子系统（分子或固体的电子系统），其哈密顿算符为

$$H = E_e + V_{e\text{-}e} = V_{ext} + V_{N\text{-}N} \tag{1-32}$$

式中 V_{ext} 是用对所有电子都相同的局域势 $V(r)$ 来表示的外场的作用，原子核对电子的作用被看成是一个外场的作用，若无其他外场，则 $V_{ext} = V_{e\text{-}N}$。

对于给定的 $V(r)$，多电子系统的能量是电子数密度（也称为电荷密度）$\rho(r)$ 的泛函，与式(1-32)对应的多电子系统的能量泛函为

$$E[\rho] = F[\rho] + E_{ext}[\rho] + E_{N\text{-}N} \tag{1-33}$$

式(1-33)中，$F[\rho]$ 是与外场无关的泛函，它包括电子的动能和电子之间的相互作用能，即

$$F[\rho] = T[\rho] + E_{e\text{-}e}[\rho] = T[\rho] + \frac{1}{2}\iint \mathrm{d}r\mathrm{d}r' \frac{\rho(r)\rho(r')}{|r - r'|} + E_{xc}[\rho] \tag{1-34}$$

$E_{ext}[\rho]$ 是局域势 $V(r)$ 所表示的外场对电子的作用能，即

$$E_{ext}[\rho] = \int \mathrm{d}r v(r)\rho(r) \tag{1-35}$$

$E_{\text{N-N}}$是原子核之间的排斥能，即

$$E_{\text{N-N}} = \sum_{i<j} \frac{Z_i Z_j}{|R_i - R_j|} \tag{1-36}$$

为了说明 $F[\rho]$，在式(2-34)中将 $F[\rho]$分为三项，第一项和第二项是与无相互作用粒子模型对应的动能和库仑排斥能，第三项 $E_{xc}[\rho]$代表了所有未包含在无相互作用粒子模型中的相互作用能。这里所谓无相互作用是指一个电子的存在对其他电子没有影响，而实际上一个电子的存在对其他电子是有影响的。如果在 r 处存在一个电子，那么在 r'处的电子数密度一定与 r 处无电子时的电子数密度不同，这表明电子间除了库仑排斥作用，一定还存在其他的相互作用，这种相互作用包括自旋平行电子间的交换相互作用和自旋反平行电子间的关联相互作用，因此 $E_{xc}[\rho]$称为交换关联相互作用能（简称交换关联能），它描述了电子间相互作用的全部复杂性，也是电子数密度的泛函，可分成交换能和关联能两部分。

根据 Hohenberg-Kohn 定理，粒子数密度函数是确定多粒子系统基态物理性质的基本变量，能量泛函对粒子数密度的变分是确定系统基态的途径，如果能得到能量泛函，对电子数密度变分，就可以确定系统的基态和所有的基态性质，由式(1-33)~式(1-36)可知，若要得到能量泛函，必须解决以下三个问题：

(1)如何确定粒子数密度 $\rho(r)$。

(2)如何确定动能泛函 $T[\rho]$。

(3)如何确定交换关联能泛函 $E_{xc}[\rho]$。

其中问题(1)和问题(2)由 W. Kohn 和 L. J. Sham 提出的方案解决了，并由此得到了 Kohn-Sham 方程，问题(3)一般通过所谓的局域密度近似得到。

1.2.3　Kohn-Sham 方程

W. Kohn 和 L. J. Sham 提出，用一个已知的无相互作用电子系统的动能泛函 $T_s[\rho]$来代替有相互作用电子系统的动能泛函 $T[\rho]$，其中有相互作用电子系统的密度函数与无相互作用电子系统的密度函数相同，密度函数 $\rho(r)$可用 N 个单电子波函数 $\varphi_i(r)$构成，即

$$\rho(r) = \sum_{i=1}^{N} |\varphi_i(r)|^2 \tag{1-37}$$

得到

$$T[\rho] = T_s[\rho] = \sum_{i=1}^{N} \int \mathrm{d}r \varphi_i^*(r)\left(-\frac{1}{2}\nabla^2\right)\varphi_i(r) \tag{1-38}$$

将能量泛函 $E[\rho]$对 ρ 的变分用对 $\varphi_i(r)$的变分代替，以 E_i 为拉格朗日乘子，变分后得到

$$\left\{-\frac{1}{2}\nabla^2 + V_{\text{KS}}[\rho(r)]\right\}\varphi_i(r) = E_i\varphi_i(r) \tag{1-39}$$

其中

$$V_{\text{KS}}[\rho(r)] = v(r) + V_{\text{coul}}[\rho(r)] + V_{xc}[\rho(r)] = v(r) + \int \mathrm{d}r' \frac{\rho(r')}{|r-r'|} + \frac{\delta E_{xc}[\rho(r)]}{\delta\rho(r)} \tag{1-40}$$

式(1-39)是与哈特利-福克方程类似的单电子方程，与哈特利-福克方程中有效势$V_{\text{eff}}(r)$相

对应的是 $V_{KS}[\rho(r)]$，它包括外场势能 $v(r)$、库仑排斥势 $V_{coul}[\rho(r)]$ 和交换关联势 $V_{xc}[\rho(r)]$。式(1-37)、式(1-39)和式(1-40)一起称为 Kohn-Sham 方程。基态的电子数密度函数可由解方程(1-39)得到的 $\varphi_i(r)$ 按式(1-37)构成。根据 Hohenberg-Kohn 定理，这样得到的电子数密度可精确地确定该系统基态的能量、波函数及各物理量的期望值。

Kohn-Sham 方程的核心是将有相互作用粒子系统的动能用无相互作用的电子系统的动能来代替，而将有相互作用电子系统的全部复杂性归入交换关联相互作用泛函 $E_{xc}[\rho]$ 中，从而导出形如单电子系统的方程(1-39)，与哈特利-福克近似方程相比，密度泛函理论导出的单电子 Kohn-Sham 方程是严格的，因为哈特利-福克方程只包含了电子的交换相互作用，不包含电子的关联相互作用，而 Kohn-Sham 方程不仅仅包含电子的交换相互作用，还包含电子的关联相互作用。

在密度泛函理论中，利用 Kohn-Sham 方程可将多电子系统的基态特性问题转化为等效的单电子问题，这种计算方法与哈特利-福克自洽场方法相似，但其结果更加精确，然而，交换关联能泛函 $E_{xc}[\rho]$ 是未知的，只有得到准确的、便于表达的 $E_{xc}[\rho]$，才能求解 Kohn-Sham 方程，在计算过程中，常采用 W. Kohn 和 L. J. Sham 提出的交换关联泛函局域密度近似，其基本思想是在局域密度近似中，利用均匀电子气密度函数 $\rho(r)$ 来获得非均匀电子气的交换关联泛函，对变化缓慢的密度函数，用一均匀电子气的交换关联能密度 $\varepsilon_{xc}[\rho(r)]$ 代替非均匀电子气的交换关联能密度，则交换关联能泛函 $E_{xc}[\rho]$ 可表示成

$$E_{xc}[\rho] = \int dr\rho(r)\varepsilon_{xc}[\rho(r)] \tag{1-41}$$

利用局域密度近似，可得到交换关联势，即

$$V_{xc}(\rho) = \varepsilon_{xc}(\rho) + \rho\frac{d\varepsilon_{xc}(\rho)}{d\rho} \tag{1-42}$$

1.3 常用交换关联函数

密度泛函理论已经从形式上建立了完整的计算框架，能不能进行实用计算主要取决于能否简单并准确地写出交换关联泛函，由于交换关联泛函包含了所有未知的能量项，它是否准确直接决定了计算结果的可靠性。目前为止，比较常用的泛函有：局域密度近似、广义梯度近似和杂化泛函。

1.3.1 局域密度近似

局域密度近似(LDA)是 W. Kohn 和 L. J. Sham 引入的，是非常实用的一种交换关联泛函，对于具有复杂结构的固体，在计算晶体结构和电子结构方面取得了极大的成功。Kohn 在 1996 年证明：多电子体系在 r 邻域的粒子近似决定了 r 附近区域的静态物理性质，r 区域的静态物理性质对该区域之外的势场变化不敏感，这就是局域密度近似的理论基础。在费米波长尺度上，由于非均匀电子系统的电子密度变化缓慢，因此将整个体系分割成足够小且足够多的单元，将每个小单元内的电子数密度当作常数对待，则交换关联泛函就可以写成局域量的积分形式

$$E_{xc} \approx E_{xc}^{LDA}(n) = \int e_{xc}[n(r)]n(r)\mathrm{d}r \tag{1-43}$$

在局域密度近似之下，Kohn-Sham 方程的交换关联势为

$$V_{xc}^{LDA}(n) = \frac{\mathrm{d}E_{xc}[n(r)]}{\mathrm{d}n(r)} \tag{1-44}$$

$e_{xc}[n(r)]$可以通过忽略电子间关联作用而得到简单的形式。

对于电子密度均匀的体系，显然 LDA 近似是严格成立的，且对在费米波长尺度上电荷密度变化缓慢的体系也是适合的。对于电荷梯度较小的体系，LDA 近似可以得到比较理想的结果，但对于电荷密度变化明显的体系，采用 LDA 近似，结果则不太理想。对于有磁性的体系，考虑自旋的情况下，可将电荷密度写成自旋向上与自旋向下电荷密度的和，即

$$n(r) = n_{\uparrow}(r) + n_{\downarrow}(r) \tag{1-45}$$

从而可以将 LDA 理论升级为局域自旋密度近似 LSDA，用于计算体系中未配对电子来获取体系的磁学性质。由于 LDA 在设计阶段对电子关联考虑不够精确，所以对部分包含 3d 或 4f 的强关联电子体系的计算就显得差距很大。由能带理论可知，如果同一轨道被两个电子占据，那么双占据态必然有库仑排斥能，这个能力被称为 Hubbard 能 U，对于这样的情况，可以增加一个 Hubbard 势 U，于是发展出了 L(S)DA + U 计算技术。

1.3.2　广义梯度近似

LDA 是针对均匀电子体系的，对于电荷密度变化缓慢的体系非常适用，对于电荷密度变化比较剧烈的体系就不再适用了。广义梯度近似(GGA)认为体系的电荷密度分布不均匀，电荷密度变化较明显，因此在 L(S)DA 的基础上加入电荷密度梯度。实际固体的电荷密度 $n(r)$ 在空间的分布一定是非均匀的，因此在广义梯度近似下，加上电荷分布梯度，交换-关联函数可写成式(1-46)的形式

$$E_{xc}^{GGA}[n(r)] = \int e_{xc}[n(r), \nabla n(r)]n(r)\mathrm{d}r \tag{1-46}$$

广义梯度近似的核心思想是尽可能精确地表述电荷密度与梯度，以 Becke 为首的学派提出应该利用各种能够利用的拟合方法来提高泛函精度，与 Becke 学派对立的 Perdew 学派则提出尽量不要引入经验化参数，纯通过渐进行为物理限制得到更精确的泛函。目前常用的 GGA 泛函有 PW91、PBE 等，对晶体结构，电子结构和化学键方面，采用 PW91 和 PBE 泛函都能取得非常好的结果。GGA 近似是在 LDA 近似的基础上发展起来的，它考虑了电荷梯度，更接近实际情况，改善了交换-关联能，更真实地描述了材料的物理、化学性质，对含有 d 电子系统基态的表达很成功。从计算量方面来说，采用 GGA 近似的计算量大于采用 LDA 近似的计算量，需要占用更多的计算资源，大型服务器和工作站的发展，增加的计算量几乎可以忽略，所以在当今第一性原理计算中广泛采用 GGA 近似。

1.3.3　杂化泛函

在实际计算中，GGA 近似和 LDA 近似都过分低估了材料带隙，由 GGA 和 LDA 得到的带隙宽度远远低于实验数值，这个缺陷在研究材料的光学性能时是致命的。计算时增加 Hubbard 势的 GGA + U 或者 LDA + U 方法能够在一定程度上缓解这个问题，它对含有 d、f 电

子材料，还能给出较好的结果，但是对于 d^0 系统却无能为力。因此又发展出各种杂化密度泛函，其主要思想是在密度泛函理论中采用哈特利-福克方法，按照经验比例将精确的 HF 交换泛函与近似的交换关联泛函混合，即

$$E_{xc}^{Hyb} = c_1 E_{xc}^{HF} + c_2 E_{xc}^{DFT} \tag{1-47}$$

其中等号右边第一项是 HF 精确交换关联部分，第二项是 LDA 或 GGA 近似交换泛函部分，c_1 和 c_2 则代表混合系数，安装比例混合的泛函称为杂化泛函。物理学计算领域中常用的 HSE 就是一种杂化函数，它可写作

$$E_{xc}^{HSE} = \alpha E_x^{SR}(\mu) + (1-\alpha) E_x^{PBE,SR}(\mu) + E_x^{PBE,LR} + E_c^{PBE} \tag{1-48}$$

等号右边第一项为短程 HF 精确项，第二项为短程 PBE 交换项，第三项为长程 PBE 交换项，第四项为 PBE 关联项，可见式(1-47)中的 DFT 近似项被拆成了三部分，这样操作是为了得到更高的计算精度。如果第一项的短程精确 HF 项部分系数设定为 $\alpha = 0.25$，公式演变为

$$E_{xc}^{HSE} = \frac{1}{4} E_x^{SR}(\mu) + \frac{3}{4} E_x^{PBE,SR}(\mu) + E_x^{PBE,LR} + E_c^{PBE} \tag{1-49}$$

式中，μ 是库仑屏蔽分割参数，取值范围为 0.2 ~ 0.3 $Å^{-1}$，如果取 $\mu = 0$，就是 PBE0 形式的杂化函数，如果 $\mu = 0.2$，这就是所谓的 HSE06 函数，如果 μ 趋于无穷，那就变成纯粹的 PBE 函数。

本章小结

从理论上来说，通过求解薛定谔方程可得到体系的物理、力学、热学、磁学和光学等性质，但是精确求解薛定谔方程不是一件容易的事情，只能是近似求解。为了近似求解薛定谔方程，发展了一些重要的、划时代的近似理论与方法，Born-Oppenheimer 近似实现了把电子与原子核的运动分开，哈特利-福克近似把多电子问题简化成单电子问题，为密度泛函理论打下了基础。Hohenberg-Kohn 定理证明了粒子数密度函数是确定多粒子系统基态性质的基本变量，并且多粒子系统的所有基态物理性质都由粒子数密度确定，根据基态粒子数密度能够确定能量泛函的极小值，即基态的能量。Kohn-Sham 方程则用无相互作用的电子系统动能代替了有相互作用电子系统动能，将有相互作用电子系统的全部复杂性归入交换-关联相互作用泛函中。在密度泛函理论的发展过程中提出了多种成功的交换-关联函数，其中局域密度近似、广义梯度近似和杂化泛函是使用较多的三种交换-关联函数。根据 Hohenberg-Kohn 定理和 Kohn-Sham 方程，再加上成熟的交换-关联函数，多粒子系统的所有性质均可求解，使得密度泛函理论成为材料科学研究领域的重要理论。

第2章　计算软件与计算方法

第2章 彩图

2.1　第一性原理计算软件 CASTEP 及主要计算参数

密度泛函理论发展的成熟带来了计算软件的飞速发展，其中 CASTEP 模块非常成功，该模块可运行于 Windows 系统、也可运行于 Linux 系统，可在个人电脑运行、也可以在服务器上运行，CASTEP 模块具备图形化的操作界面，简单易学、安装方便、计算功能强大，在材料科学领域被广泛使用，本书采用 CASTEP 模块研究 $Al_{14}Mn_2N_{16}$ 的力学性质与磁学性质。

使用软件必然涉及输入数据、输出数据，CASTEP 也不例外，使用时也需要设置输入数据，计算完成后会生成相应的输出数据。由于 CASTEP 的界面式操作风格，输入数据设计成对话式窗口，只需要在窗口设置好相关参数即可完成数据输入。CASTEP 涉及的输入参数很多，但是大部分的输入参数采用默认数据即可，不需要修改，CASTEP 的计算参数主要有五大项：设置计算任务、设置交换-关联函数、设置截断能、设置 k 点网格、设置计算性质。

计算任务即 Task 选项，该选项为设置本次计算的任务，可以计算的任务很多，比如对超晶胞进行几何优化、计算固体的弹性性质、计算体系的总能量等。

交换-关联函数即 Functional 选项，用于选择交换-关联函数，经常采用的三种交换-关联函数为：杂化泛函 HSE；广义梯度近似 GGA；局域密度近似 LDA。除了这三种交换-关联函数，CASTEP 软件自带的交换-关联函数还有很多，可根据需要进行选择。

截断能即 Energy cutoff 选项，用于设置平面波基组的截断能，CASTEP 设置了四种默认精度的截断能，分别是 Coarse、Medium、Fine 和 Ultra-fine，四种方式截断能由低到高排列。除了选择这四种截断能，研究人员也可以自主设置截断能，直接输入截断能的具体数值即可。如何选择合适的截断能，需要测试截断能的收敛性，根据测试结果确定截断能，这样既提高了效率，又满足了计算精度。

k 点网格取样即 k-point set 选项，k 点的设置涉及计算过程中布里渊区取样的精确性。CASTEP 设置了四种默认的 k 点网格，分别是 Gamma、Coarse、Medium 和 Fine，四种方式网格由稀到密，如何选择合适的 k 点，需要测试 k 点收敛性，根据结果设置合适的 k 点，合适的 k 点既能提高计算效率，又能保证计算精度。

计算性质即 Properties 选项，该选项下具有十多个选项，比如能带结构、电子态密度、布居分析等，每一项均有各自的参数设置。

2.2　固体的晶体结构

原子、离子或者分子在三维空间有规律地周期性重复排列形成的物质叫作晶体，晶体中原子的排布具有严格的周期性和对称性。组成晶体的元素以及晶体的结构决定了晶体的性质，因此晶体的结构是非常重要的参数,晶体结构由晶格常数来描述。晶格常数包括棱边长度 a、b、c 和夹角 α、β、γ 六个参数,这六个参数描述了物质属于什么晶系,也描述了组成晶体的最小单元尺寸。根据六个参数具备的特征,将晶体分为七类晶系,七类晶系也刻画了晶体所具有的对称性高低,根据固体物理学理论,目前所发现的晶体,其晶格结构均被包含在这七类晶系当中,七类晶系的晶格常数特征见表 2-1。

表 2-1 七类晶系的晶格常数特征

晶　　系	三个棱边长度的关系	三个夹角的关系
立方晶系	$a=b=c$	$\alpha=\beta=\gamma=90°$
六角晶系	$a=b\neq c$	$\alpha=\gamma=90°,\beta=120°$
菱方晶系	$a=b=c$	$\alpha=\beta=\gamma\neq 90°$
四方晶系	$a=b\neq c$	$\alpha=\beta=\gamma=90°$
正交晶系	$a\neq b\neq c$	$\alpha=\beta=\gamma=90°$
单斜晶系	$a\neq b\neq c$	$\alpha=\gamma=90°,\beta\neq 90°$
三斜晶系	$a\neq b\neq c$	$\alpha\neq\beta\neq\gamma$

第一性原理计算固体晶格常数的方法:首先建立物质的超晶胞结构,然后对该超晶胞进行几何优化,几何优化成功后便可得到超晶胞稳定的晶体结构及其晶格常数。CASTEP 软件中计算任务“Task”选项下的“Geometry Optimization”选项称为“几何优化”选项,几何优化的结果是使超晶胞的晶体结构尽可能地接近真实结构。

利用第一性原理研究材料的性质,几何优化是第一步研究工作,只有获得了超晶胞稳定的晶体结构才能进行其他性质的研究。

2.3 第一性原理研究固体的力学性质

2.3.1 单晶体的刚度常数与力学稳定性

根据胡克定律,在变形很小时,应力 X_i 与应变 x_i 成正比关系,应力分量与应变分量呈线性函数关系,即

$$X_i = \sum_{j=1}^{6} C_{ij}x_j, i = 1,2,3,4,5,6 \tag{2-1}$$

矩阵形式为

$$\begin{pmatrix} X_1 \\ X_2 \\ X_3 \\ X_4 \\ X_5 \\ X_6 \end{pmatrix} = \begin{pmatrix} C_{11} & C_{12} & C_{13} & C_{14} & C_{15} & C_{16} \\ C_{12} & C_{22} & C_{23} & C_{24} & C_{25} & C_{26} \\ C_{13} & C_{23} & C_{33} & C_{34} & C_{35} & C_{36} \\ C_{14} & C_{24} & C_{34} & C_{44} & C_{45} & C_{46} \\ C_{15} & C_{25} & C_{35} & C_{45} & C_{55} & C_{56} \\ C_{16} & C_{26} & C_{36} & C_{46} & C_{56} & C_{66} \end{pmatrix} \begin{pmatrix} x_1 \\ x_2 \\ x_3 \\ x_4 \\ x_5 \\ x_6 \end{pmatrix} \tag{2-2}$$

式(2-1)与式(2-2)中,C_{ij}称为弹性刚度常数。晶体的对称性对刚度常数给出了各种约束,使刚度常数的某些分量等于零,另一些分量相互之间存在着简单的代数关系,这些条件在不同程度上简化了刚度矩阵的形式,使得独立的刚度常数 C_{ij}的数目减少,并且晶体的对称性越高,独立的刚度常数 C_{ij}的数目越少。固体所属的晶系决定了独立 C_{ij}的数量,独立的刚度常数最多有 21 个,除了三斜晶系,其他晶系独立的刚度常数均少于 21 个。七类晶系的 C_{ij}所具有的特征各不相同,式(2-3) ~ 式(2-11)列出七种晶系的 C_{ij}所具有的特征,根据计算出的 C_{ij},对比式(2-3) ~ 式(2-11),即可确定物质所属的晶系。

三斜晶系

$$\boldsymbol{C}=\begin{pmatrix} C_{11} & C_{12} & C_{13} & C_{14} & C_{15} & C_{16} \\ C_{12} & C_{22} & C_{23} & C_{24} & C_{25} & C_{26} \\ C_{13} & C_{23} & C_{33} & C_{34} & C_{35} & C_{36} \\ C_{14} & C_{24} & C_{34} & C_{44} & C_{45} & C_{46} \\ C_{15} & C_{25} & C_{35} & C_{45} & C_{55} & C_{56} \\ C_{16} & C_{26} & C_{36} & C_{46} & C_{56} & C_{66} \end{pmatrix} \tag{2-3}$$

单斜晶系

$$\boldsymbol{C}=\begin{pmatrix} C_{11} & C_{12} & C_{13} & 0 & 0 & C_{16} \\ C_{12} & C_{22} & C_{23} & 0 & 0 & C_{26} \\ C_{13} & C_{23} & C_{33} & 0 & 0 & C_{36} \\ 0 & 0 & 0 & C_{44} & C_{45} & 0 \\ 0 & 0 & 0 & C_{45} & C_{55} & 0 \\ C_{16} & C_{26} & C_{36} & 0 & 0 & C_{66} \end{pmatrix} \tag{2-4}$$

正交晶系

$$\boldsymbol{C}=\begin{pmatrix} C_{11} & C_{12} & C_{13} & 0 & 0 & 0 \\ C_{12} & C_{22} & C_{23} & 0 & 0 & 0 \\ C_{13} & C_{23} & C_{33} & 0 & 0 & 0 \\ 0 & 0 & 0 & C_{44} & 0 & 0 \\ 0 & 0 & 0 & 0 & C_{55} & 0 \\ 0 & 0 & 0 & 0 & 0 & C_{66} \end{pmatrix} \tag{2-5}$$

四方晶系 a

$$\boldsymbol{C}=\begin{pmatrix} C_{11} & C_{12} & C_{13} & 0 & 0 & C_{16} \\ C_{12} & C_{22} & C_{13} & 0 & 0 & -C_{16} \\ C_{13} & C_{13} & C_{33} & 0 & 0 & 0 \\ 0 & 0 & 0 & C_{44} & 0 & 0 \\ 0 & 0 & 0 & 0 & C_{44} & 0 \\ C_{16} & -C_{16} & 0 & 0 & 0 & C_{66} \end{pmatrix} \tag{2-6}$$

四方晶系 b

$$
\boldsymbol{C}=\begin{pmatrix} C_{11} & C_{12} & C_{13} & 0 & 0 & 0 \\ C_{12} & C_{11} & C_{13} & 0 & 0 & 0 \\ C_{13} & C_{13} & C_{33} & 0 & 0 & 0 \\ 0 & 0 & 0 & C_{44} & 0 & 0 \\ 0 & 0 & 0 & 0 & C_{44} & 0 \\ 0 & 0 & 0 & 0 & 0 & C_{66} \end{pmatrix} \tag{2-7}
$$

菱方晶系 a

$$
\boldsymbol{C}=\begin{pmatrix} C_{11} & C_{12} & C_{13} & C_{14} & C_{15} & 0 \\ C_{12} & C_{11} & C_{13} & -C_{14} & -C_{15} & 0 \\ C_{13} & C_{13} & C_{33} & 0 & 0 & 0 \\ C_{14} & -C_{14} & 0 & C_{44} & 0 & -C_{15} \\ C_{15} & -C_{15} & 0 & 0 & C_{44} & C_{14} \\ 0 & 0 & 0 & -C_{15} & C_{14} & C_{66} \end{pmatrix} \tag{2-8}
$$

菱方晶系 b

$$
\boldsymbol{C}=\begin{pmatrix} C_{11} & C_{12} & C_{13} & C_{14} & 0 & 0 \\ C_{12} & C_{11} & C_{13} & -C_{14} & 0 & 0 \\ C_{13} & C_{13} & C_{33} & 0 & 0 & 0 \\ C_{14} & -C_{14} & 0 & C_{44} & 0 & 0 \\ 0 & 0 & 0 & 0 & C_{44} & C_{14} \\ 0 & 0 & 0 & 0 & C_{14} & C_{66} \end{pmatrix} \tag{2-9}
$$

六角晶系

$$
\boldsymbol{C}=\begin{pmatrix} C_{11} & C_{12} & C_{13} & 0 & 0 & 0 \\ C_{12} & C_{11} & C_{13} & 0 & 0 & 0 \\ C_{13} & C_{13} & C_{33} & 0 & 0 & 0 \\ 0 & 0 & 0 & C_{44} & 0 & 0 \\ 0 & 0 & 0 & 0 & C_{44} & 0 \\ 0 & 0 & 0 & 0 & 0 & C_{66} \end{pmatrix} \tag{2-10}
$$

立方晶系

$$
\boldsymbol{C}=\begin{pmatrix} C_{11} & C_{12} & C_{12} & 0 & 0 & 0 \\ C_{12} & C_{11} & C_{12} & 0 & 0 & 0 \\ C_{12} & C_{12} & C_{11} & 0 & 0 & 0 \\ 0 & 0 & 0 & C_{44} & 0 & 0 \\ 0 & 0 & 0 & 0 & C_{44} & 0 \\ 0 & 0 & 0 & 0 & 0 & C_{44} \end{pmatrix} \tag{2-11}
$$

各向同性材料

$$
\boldsymbol{C}=\begin{pmatrix}
C_{11} & C_{12} & C_{12} & 0 & 0 & 0 \\
C_{12} & C_{11} & C_{12} & 0 & 0 & 0 \\
C_{12} & C_{12} & C_{11} & 0 & 0 & 0 \\
0 & 0 & 0 & \frac{C_{11}-C_{12}}{2} & 0 & 0 \\
0 & 0 & 0 & 0 & \frac{C_{11}-C_{12}}{2} & 0 \\
0 & 0 & 0 & 0 & 0 & \frac{C_{11}-C_{12}}{2}
\end{pmatrix} \tag{2-12}
$$

式(2-3) ~ 式(2-12)列出了七种晶系 C_{ij} 的特征，但是仅仅给出了有几个弹性刚度常数等于零，有几个弹性刚度常数不等于零。弹性刚度常数还有个重要的意义，就是判断晶体的力学稳定性，当且仅当弹性刚度常数 C_{ij} 满足特定的内在关系，所对应的晶体才可以稳定存在，这个特定的内在关系叫作力学稳定性判据。CASTEP 软件能够机械式地计算出晶体的刚度常数，研究人员可通过计算的刚度常数和力学稳定性判据，首先判定该晶体能否稳定存在，再决定该物质是否具有进一步研究的意义。每种晶系的 C_{ij} 具有自己的特征，因此每种晶系也具有自己的力学稳定性判据，见式(2-13) ~ 式(2-18)。

立方晶系的力学稳定性判据

$$
\begin{cases}
C_{11}-C_{12}>0 \\
C_{11}+2C_{12}>0 \\
C_{44}>0
\end{cases} \tag{2-13}
$$

正交晶系的力学稳定性判据

$$
\begin{cases}
C_{ii}>0 \\
C_{11}+C_{22}-2C_{12}>0 \\
C_{11}+C_{33}-2C_{13}>0 \\
C_{22}+C_{33}-2C_{23}>0 \\
C_{11}+C_{22}+C_{33}+2(C_{12}+C_{13}+C_{23})>0
\end{cases} \tag{2-14}
$$

六角晶系与四方晶系 a 的力学稳定性判据

$$
\begin{cases}
C_{11}>|C_{12}| \\
2C_{13}^2<C_{33}(C_{11}+C_{12}) \\
C_{44}>0 \\
C_{66}>0
\end{cases} \tag{2-15}
$$

四方晶系 b 的力学稳定性判据

$$
\begin{cases}
C_{11}>|C_{12}| \\
2C_{13}^2<C_{33}(C_{11}+C_{12}) \\
C_{44}>0 \\
2C_{16}^2<C_{66}(C_{11}-C_{12})
\end{cases} \tag{2-16}
$$

菱方晶系 a 的力学稳定性判据

$$\begin{cases} C_{11} > |C_{12}| \\ C_{44} > 0 \\ 2C_{13}^2 < C_{33}(C_{11} + C_{12}) \\ 2C_{14}^2 + 2C_{15}^2 < C_{44}(C_{11} - C_{12}) \equiv 2C_{44}C_{66} \end{cases} \tag{2-17}$$

菱方晶系 b 的力学稳定性判据

$$\begin{cases} C_{11} > |C_{12}| \\ C_{44} > 0 \\ 2C_{13}^2 < C_{33}(C_{11} + C_{12}) \\ 2C_{14}^2 < C_{44}(C_{11} - C_{12}) \equiv 2C_{44}C_{66} \end{cases} \tag{2-18}$$

利用第一性原理软件 CASTEP 计算弹性刚度常数的方法:采用几何优化成功后的超晶胞进行弹性性质的计算,即在“Task”选项中选择“Elastic Constants”,即可计算出超晶胞的弹性性质,但是这一步的计算仅仅是计算了超晶胞的弹性性质,并没有输出弹性刚度常数等信息,因此计算成功后需要选定该超晶胞,利用 CASTEP 软件的“Analysis”功能,选择“Elastic Constants”再次进行计算,输出文件便包含了超晶胞的弹性刚度常数、弹性柔度常数等力学性质。根据弹性刚度常数、弹性柔度常数可以进一步研究固体的其他力学性质。

2.3.2 晶体的其他力学性质

式(2-2)所描述的胡克定律也可以写成式(2-19)的矩阵形式

$$\begin{pmatrix} x_1 \\ x_2 \\ x_3 \\ x_4 \\ x_5 \\ x_6 \end{pmatrix} = \begin{pmatrix} S_{11} & S_{12} & S_{13} & S_{14} & S_{15} & S_{16} \\ S_{12} & S_{22} & S_{23} & S_{24} & S_{25} & S_{26} \\ S_{13} & S_{23} & S_{33} & S_{34} & S_{35} & S_{36} \\ S_{14} & S_{24} & S_{34} & S_{44} & S_{45} & S_{46} \\ S_{15} & S_{25} & S_{35} & S_{45} & S_{55} & S_{56} \\ S_{16} & S_{26} & S_{36} & S_{46} & S_{56} & S_{66} \end{pmatrix} \begin{pmatrix} X_1 \\ X_2 \\ X_3 \\ X_4 \\ X_5 \\ X_6 \end{pmatrix} \tag{2-19}$$

同样式(2-19)中矩阵形式的胡克定律也可以表示为

$$x_i = \sum_{j=1}^{6} S_{ij} X_j, i = 1,2,3,4,5,6 \tag{2-20}$$

式(2-19)与式(2-20)中,S_{ij}称为柔度常数,并且柔度矩阵 $\boldsymbol{S}$ 与刚度矩阵 $\boldsymbol{C}$ 互为逆矩阵关系,即 $\boldsymbol{S} = \boldsymbol{C}^{-1}$,与刚度常数一样,柔度常数 S_{ij} 共有 36 个,独立的柔度常数最多有 21 个,并且晶体的对称性越高,独立的柔度常数数目越少。

C_{ij}和 S_{ij}都描述了晶体的基本力学性质,根据刚度常数和柔度常数可以进一步表示出材料的宏观力学性质:

(1)根据柔度常数可定义单晶体杨氏模量三维分布规律。

(2)计算多晶体的弹性模量。多晶体弹性模量主要有四个,即体积模量 B、剪切模量 G、杨氏模量 E 和泊松比 μ,根据刚度常数与柔度常数可以计算这些模量。

(3)计算材料的维氏硬度(Vickers hardness)和延展性。根据体积模量和剪切模量可以计算出维氏硬度和延展性。

(4)计算晶体的各向异性。晶体必然是各向异性的,根据杨氏模量、体积模量和剪切模量可以计算晶体的各向异性因子。

2.4 第一性原理研究固体的磁学性质

2.4.1 固体的能带结构

能带理论是研究固体中电子运动状态的重要理论,对于孤立原子,其电子的能级是量子化的,表现为独立的能级,如图2-1(a)所示;对于多原子系统,外层电子不仅仅受到本身原子核的作用,还受到其他原子核与电子的作用,因此电子的能量产生微小变化,导致能级分裂,分裂的能级如图2-1(b)所示;当原子结合形成晶体后,由于晶体中包含大量的电子,使得一条能级分裂成多条,众多能级间隔很小,可近似看作连续的能级,因此分立的能级演变成连续的能带,如图2-1(c)所示。

(a) 能级 (b) 分裂的能级 (c) 能带

图2-1 能级与能带

能带表示电子能量的可取值范围,能带与能带之间的空白为电子能量的不可取值范围,不可取值的范围称作禁带。能带结构指能带与禁带的总和。

图2-2为半导体的能带结构。图2-2(a)与图2-2(b)同为半导体的能带,但是又有区别。图2-2(a)中自旋向上(Spin up)与自旋向下(Spin down)的能带完全重叠,这样的能带结构表明材料是无磁性的;图2-2(b)中自旋向上(Spin up)与自旋向下(Spin down)的能带不完全重叠,这样的能带结构表明材料是有磁性的。

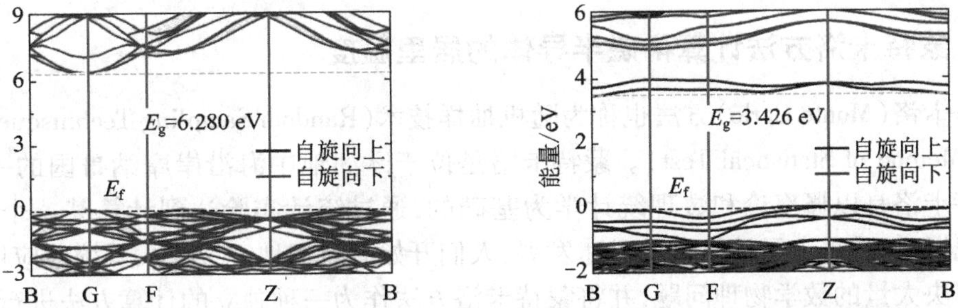

(a) 无磁性半导体的能带结构 (b) 有磁性半导体的能带结构

图2-2 半导体的能带结构

2.4.2 超晶胞的磁矩

原子磁矩是物质磁性的来源,原子磁矩来源于电子的运动,核外电子绕原子核运动将产生轨道磁矩,电子的自旋将产生自旋磁矩,原子中所有电子的轨道磁矩与自旋磁矩的总和构成原子的总磁矩。

CASTEP 模块的 Mulliken 布居分析是计算磁矩的有力工具,能够计算出超晶胞中每一个原子贡献的磁矩,超晶胞总磁矩只需要对超晶胞中所有原子的磁矩求和即可。在计算超晶胞性质时,在“Properties”选项中勾选“Population analysis”选项,在输出文件中找到“Atomic Populations(Mulliken)”位置,该位置输出的数据便给出了超晶胞中每个原子的磁矩。

2.4.3 居里温度与铁磁基态

居里温度又称作居里点,或磁性转变点,指磁性材料中自发磁化强度降到零时的温度,是物质由铁磁态转变为顺磁态的相变温度。居里温度是材料的固有属性,与材料的成分与晶体结构有关。

铁磁基态:不同温度条件下磁性物质内部磁矩的排列状态是不同的,根据磁矩排列状态可分为铁磁态和反铁磁态,两种状态下总能量低的状态更稳定,称为铁磁基态。在某一温度下,假设 E_{FM} 为铁磁态的总能量,E_{AFM} 为反铁磁态的总能量,如果铁磁态能总量 E_{FM} 低于反铁磁态总能量 E_{AFM},表明铁磁态更稳定,铁磁态是其基态,表现出铁磁性。如果铁磁态总能量 E_{FM} 高于反铁磁态总能量 E_{AFM},表明反铁磁态更稳定,反铁磁态为其基态,表现出无磁性。

铁磁基态表明了材料是否具有铁磁性,居里温度则表明了磁性消失的温度,居里温度也说明了在什么温度范围内材料具有铁磁性。

2.4.4 海森堡平均场理论计算稀磁半导体的居里温度

基于海森堡平均场理论,Sato 等人提出计算居里温度的公式为

$$K_B T_C = \frac{2\Delta E}{3x} \tag{2-21}$$

式中,K_B 表示波尔兹曼常数;T_C 表示居里温度;ΔE 表示自旋玻璃态结合能与铁磁态结合能之差;x 表示磁性原子的浓度。

利用海森堡平均场理论计算居里温度每年均有大量的研究成果发表,取得了极大的成功。

2.4.5 蒙特卡洛方法计算稀磁半导体的居里温度

蒙特卡洛(Monte Carlo)方法也称为随机抽样技术(Random Sampling Technisque)或统计实验方法(Method of Statistical Test)。蒙特卡洛是位于欧洲地中海沿岸摩纳哥国的一个重要城市。蒙特卡洛是以概率论和数理统计学为基础的,通过统计实验达到计算某一个量的目的。半个世纪以来,随着电子计算机的迅速发展,人们开始有意识地、广泛地、系统地应用随机抽样方法来解决大量的数学物理问题,并将蒙特卡洛方法作为一种独立的计算方法进行研究,随之向各个学科领域渗透。蒙特卡洛方法不仅能用于求解确定性的数学问题,而且更适合于求解随机性问题,尤其是当问题来源于物理、力学、化学以及材料科学领域在内的其他学科的实际

问题,可以对所考虑的问题进行直接模拟,即根据实际问题的概率法则,用计算机进行抽样实验,这时,蒙特卡洛方法并非仅仅是一种简单的数值计算方法,而且还是对实际问题的实验模拟,因此在物理、化学、材料领域中常称其为“蒙特卡洛”模拟。

蒙特卡洛方法计算居里温度基于Ising模型进行,在Ising模型中,对铁磁系统的磁矩取向进行了简化,认为磁矩S只有两个取向,向上($S=1$)或者向下($S=-1$)。Ising模型中,任意温度下,某个磁矩的取向是否翻转依赖于系统所处温度T以及该磁矩与最近邻磁矩的耦合方式(即该磁矩翻转前后系统的能量差ΔE),生成一个(0,1)之间的随机数r,如果$r \leqslant e^{\frac{-\Delta E}{k_B T}}$,则将$S$翻转一次;反之,$S$不翻转,保持原有状态。虽然Ising模型是个简化的模型,但是大量的研究成果证明了基于Ising模型,用蒙特卡洛方法计算居里温度被认为是计算居里温度的有效方法。

本章小结

本章简要介绍了第一性原理计算软件CASTEP模块的基本功能、计算任务设置方法和重要参数的设置方法。介绍了固体弹性刚度常数、力学稳定性判据;简要介绍了固体的能带结构;介绍了磁性材料铁磁基态的判定方法;介绍了固体磁矩的计算方法;介绍了磁性材料居里温度的计算方法。本书第3~5章将根据本章介绍的计算方法分别研究$Al_{14}Mn_2N_{16}$在无应变、单轴应变和双轴应变状态下的力学性质和磁学性质。

第 3 章　无应变时 $Al_{14}Mn_2N_{16}$ 的力学性质与磁学性质

第 3 章 彩图

本章研究无应变状态时 $Al_{14}Mn_2N_{16}$ 的力学性质和磁学性质，根据氮化铝所属晶系建立了 $Al_{16}N_{16}$ 的超晶胞结构，再根据晶体对称性将 Al 原子分类，然后用 2 个 Mn 原子替换 $Al_{16}N_{16}$ 超晶胞中的 2 个 Al 原子，替换后便得到 $Al_{14}Mn_2N_{16}$ 的超晶胞结构，对 $Al_{14}Mn_2N_{16}$ 超晶胞进行几何优化获得稳定的 $Al_{14}Mn_2N_{16}$ 超晶胞结构，最后对稳定的 $Al_{14}Mn_2N_{16}$ 超晶胞进行力学性质和磁学性质的研究。研究流程如图 3-1 所示。

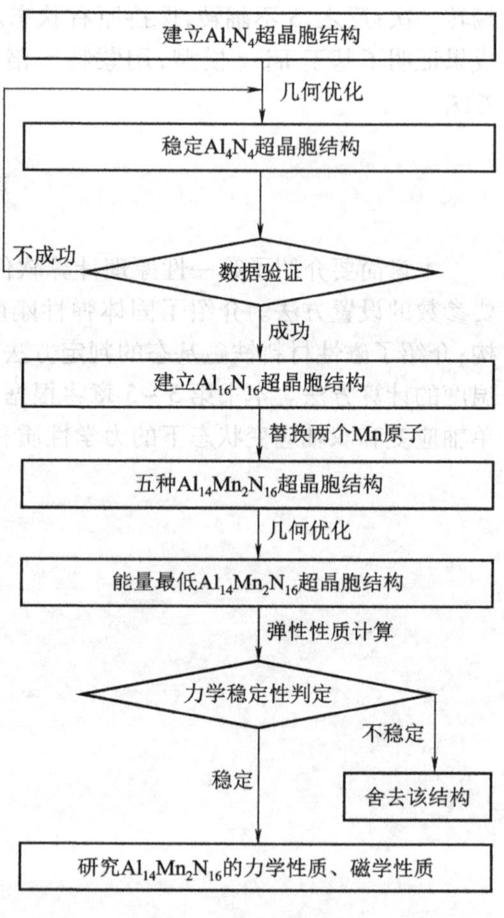

图 3-1　研究流程图

（1）建立 Al_4N_4 超晶胞结构，然后对超晶胞进行几何优化，得到稳定状态下 Al_4N_4 超晶胞的晶格常数，将得到的晶格常数与已有的研究数据相对比，如果一致，说明计算参数正确，即所建立的 Al_4N_4 是合理的；若不一致，即误差较大，说明所选计算参数不合理，则修改计算参数再次进行几何优化，直至所计算出的晶格常数和已有的研究数据一致，说明计算参数正确，即所建立的 Al_4N_4 是合理的。

（2）将 Al_4N_4 扩大为 $Al_{16}N_{16}$ 超晶胞，进行几何优化，得到稳定的 $Al_{16}N_{16}$ 超晶胞。

（3）用两个 Mn 原子替换 $Al_{16}N_{16}$ 中的两个 Al 原子，经过论证有五种掺杂方式，即 $Al_{14}Mn_2N_{16}$ 有五种超晶胞结构。分别对五种超晶胞结构进行几何优化，找到能量最低的掺杂结构，能量最低的便是实际存在的 $Al_{14}Mn_2N_{16}$ 物质。

（4）判定 $Al_{14}Mn_2N_{16}$ 的力学稳定性，如果稳定，则进一步研究其力学性质和磁学性质。

3.1　收敛性测试

为了保证本书计算结果的可靠性，采用图 3-2 所示的 $Al_{14}Mn_2N_{16}$ 超晶胞，对截断能和 k 点网格进行了收敛性测试。由于掺杂了过渡金属 Mn，为了能够精确描述 3d 电子的能带结构，在电子自旋条件下采用 GGA + U 方法进行计算，U 是经验性参数，本书对 U 的取值设置为 $U=$

3.2 eV。收敛性测试结果如图 3-3 所示，图 3-3(a)为 k 点网格设置为 2×2×5 时，截断能的收敛效果，发现截断能取 300 eV 时计算结果即可收敛；图 3-3(b)为截断能取 400 eV 时 k 点网格的收敛效果，发现 k 取 2×2×4 时计算结果即可收敛，因此本书所有的计算均在电子自旋条件下采用 GGA + U(U=3.2 eV)方法进行，k 点网格设置为 3×3×6，截断能设置为 400 eV，其他参数采用默认设置。

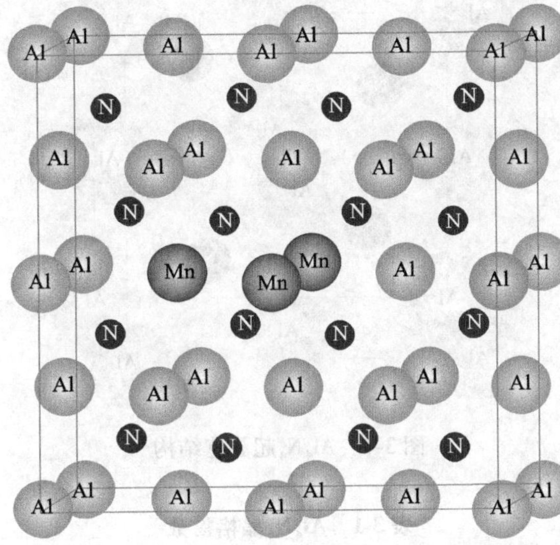

图 3-2　收敛性测试使用的 $Al_{14}Mn_2N_{16}$ 超晶胞

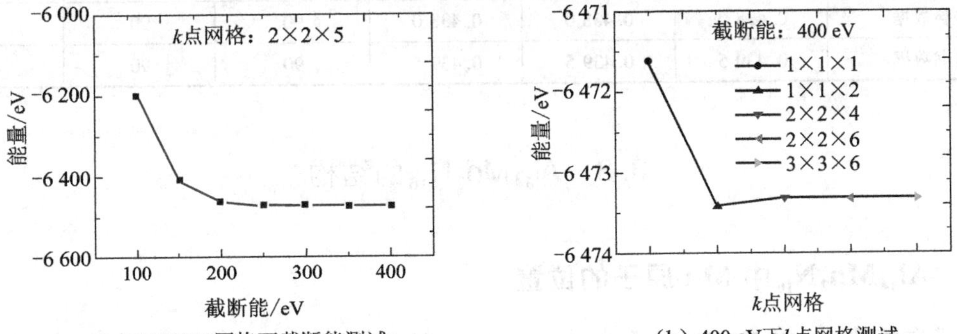

(a) 2×2×5网格下截断能测试　　(b) 400 eV下k点网格测试

图 3-3　$Al_{14}Mn_2N_{16}$ 超晶胞截断能和 k 点网格收敛性测试

3.2　Al_4N_4 的结构

AlN 属于闪锌矿结构，其中 Al 原子呈面心立方排列，N 原子也呈面心立方排列，Al 原子与 N 原子沿晶体的体对角线方向相互嵌套。Al_4N_4 为 AlN 的 1×1×1 超晶胞结构，包含 4 个 Al 原子，4 个 N 原子，其结构如图 3-4 所示。利用 CASTEP 模块对图 3-4 所示的超晶胞进行几何优化，优化时既优化原子位置也优化晶格大小，几何优化后得到 Al_4N_4 的晶格常数见表 3-1，计算发现本书的计算结果与实验结果误差不超过 0.5%，与其他理论研究结果误差也不超过 0.5%，因此本书的计算结果是可靠的，计算参数的设置是合理的。

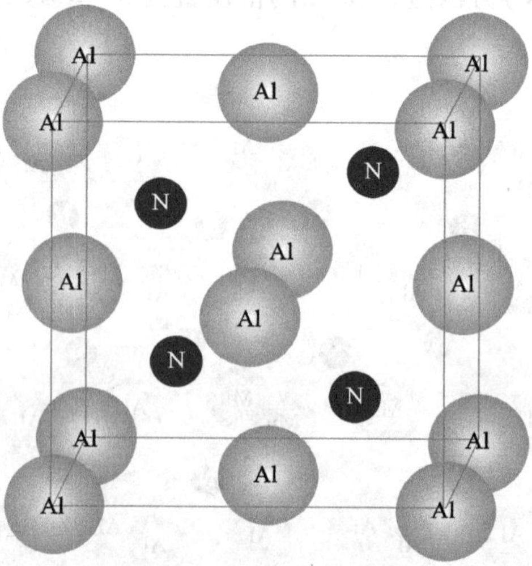

图 3-4 Al_4N_4 超晶胞结构

表 3-1 Al_4N_4 晶格常数

晶格常数	a/nm	b/nm	c/nm	α/(°)	β/(°)	γ/(°)
理论数据	0.440 6	0.440 6	0.440 6	90	90	90
实验数据	0.438 0	0.438 0	0.438 0	90	90	90
本书数据	0.439 5	0.439 5	0.439 5	90	90	90

3.3 $Al_{14}Mn_2N_{16}$ 的结构

3.3.1 $Al_{14}Mn_2N_{16}$ 中 Mn 原子的位置

为了在氮化铝中掺杂 Mn 原子，将 1×1×1 的 Al_4N_4 超晶胞扩大，得到 2×2×1 的 $Al_{16}N_{16}$ 的超晶胞，即在超晶胞的 a 方向与 b 方向扩大两倍，c 方向不变，扩大后的超晶胞如图 3-5 所示，按晶体的对称性，Al 原子可分为 6 类，图 3-5 中以 6 种颜色区分。在 $Al_{16}N_{16}$ 中掺杂两个 Mn 原子，首先将位于(0.5,0.5,0)位置（超晶胞中心）的 Al 原子用 Mn 原子替换，那么另外一个 Mn 原子则有 5 种位置可选，因此 $Al_{14}Mn_2N_{16}$ 将有 5 种可能的超晶胞结构，如图 3-6 至图 3-10 所示，接下来分别讨论这 5 种结构的特点。

超晶胞结构 1 如图 3-6(a)所示，两个 Mn 原子以最近邻掺杂的方式出现，Mn 原子的坐标分别为(0.25,0.5,0.5)，(0.5,0.5,0)。与坐标为(0.25,0.5,0.5)同类的 Al 原子共有 4 个，坐标分别为(0.25,0.5,0.5)，(0.5,0.75,0.5)，(0.75,0.5,0.5)，(0.5,0.25,0.5)。图 3-6(b)显

示了超晶胞结构 1 中 Mn 原子形成的磁性原子链结构。

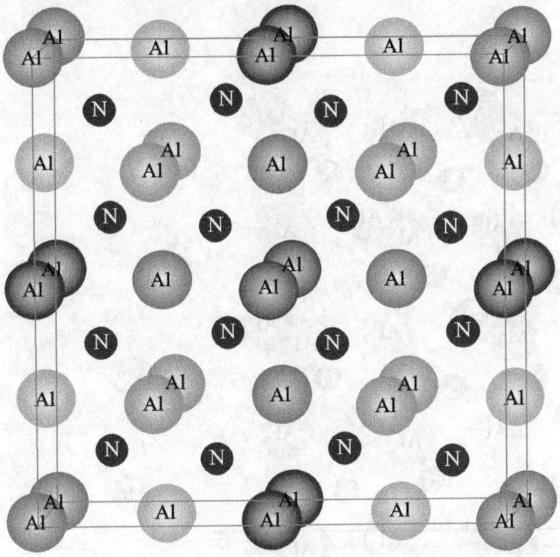

图 3-5　扩大后的 $Al_{16}N_{16}$ 超晶胞结构

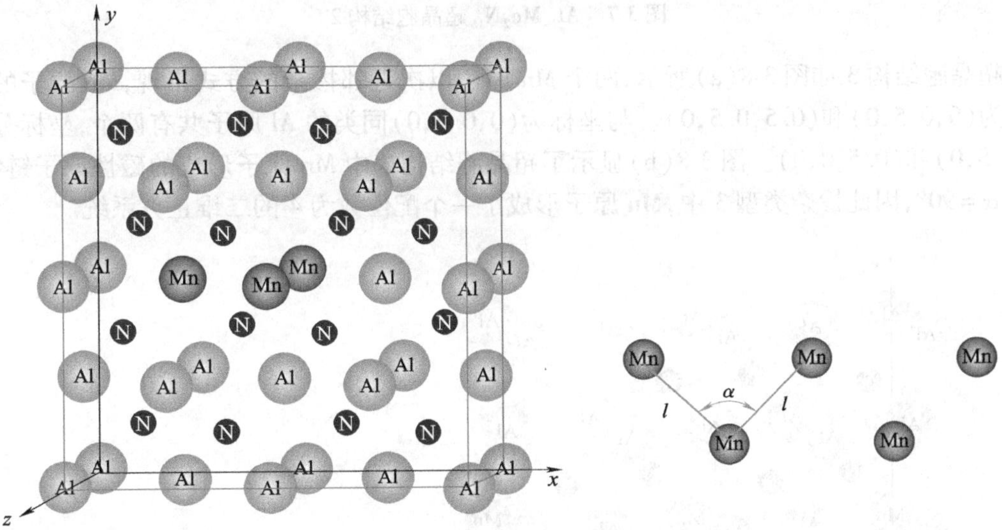

（a）$Al_{14}Mn_2N_{16}$ 超晶胞结构　　（b）Mn 原子链结构

图 3-6　$Al_{14}Mn_2N_{16}$ 超晶胞结构 1

超晶胞结构 2 如图 3-7(a)所示，两个 Mn 原子同样以最近邻掺杂的方式出现，Mn 原子的坐标分别为(0.25,0.75,0)和(0.5,0.5,0)。与坐标为(0.25,0.75,0)同类的 Al 原子共有四个，坐标分别为(0.25,0.75,0)，(0.75,0.75,0)，(0.25,0.25,0)和(0.75,0.25,0)。图 3-7(b)显示了超晶胞结构 2 中 Mn 原子形成的磁性原子对结构，其中 $l<k$，$\alpha=90°$。如果按照磁性相互作用只考虑最近邻位置的相互作用，掺杂类型 2 不能叫作原子链，只能叫作原子对，因为 Mn 原子成对地出现，并没有形成链状结构。掺杂类型 2 与掺杂类型 1 虽然都是最近邻位置掺杂，

但是可以明显地看出 Mn 原子之间的链接方式是不一样的，因此掺杂后形成的超晶胞结构是不一样的。

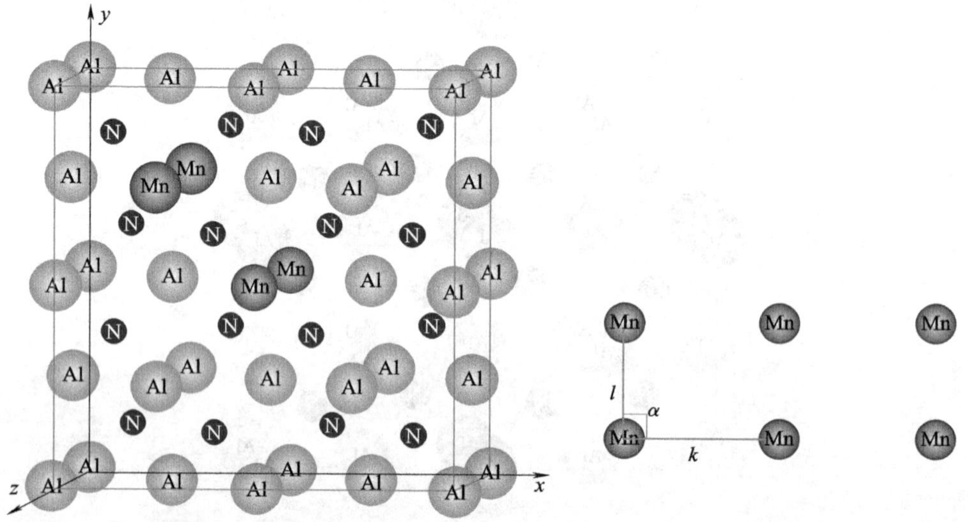

（a）$Al_{14}Mn_2N_{16}$超晶胞结构　　（b）Mn原子链结构

图 3-7　$Al_{14}Mn_2N_{16}$ 超晶胞结构 2

超晶胞结构 3 如图 3-8(a)所示，两个 Mn 原子以次近邻掺杂的方式出现，Mn 原子的坐标分别为(0,0.5,0)和(0.5,0.5,0)。与坐标为(0,0.5,0)同类的 Al 原子共有两个，坐标分别为(0,0.5,0)和(0.5,0,0)。图 3-8(b)显示了超晶胞结构 3 中 Mn 原子形成的磁性原子链结构，其中 $\alpha = 90°$，因此掺杂类型 3 中，Mn 原子形成了一个配位数为 4 的二维正方系统。

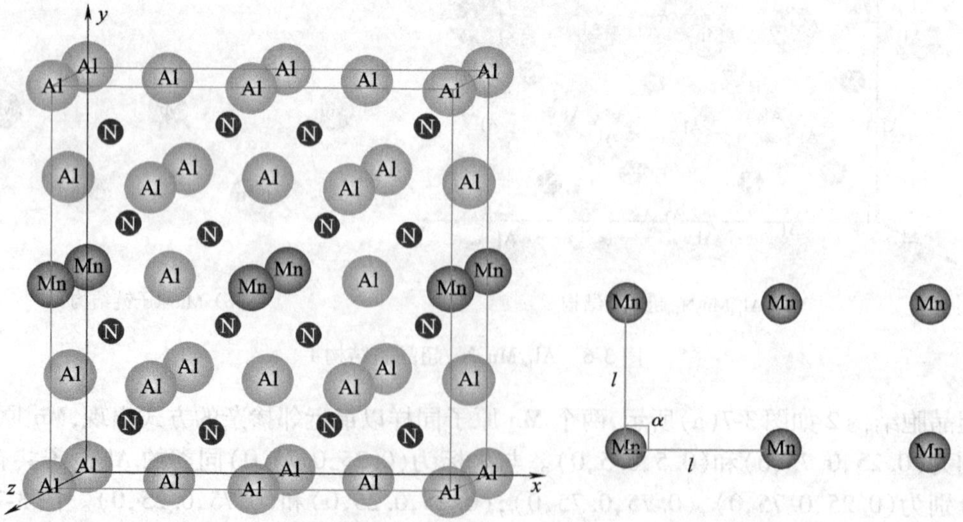

（a）$Al_{14}Mn_2N_{16}$超晶胞结构　　（b）Mn原子链结构

图 3-8　$Al_{14}Mn_2N_{16}$ 超晶胞结构 3

超晶胞结构 4 如图 3-9(a)所示，两个 Mn 原子以三近邻掺杂的方式出现，Mn 原子的坐标分别为(0.25,0,0.5)和(0.5,0.5,0)。与坐标为(0.25,0,0.5)同类的 Al 原子共有四个，坐标分别为(0.25,0,0.5)，(0.75,0,0.5)，(0,0.25,0.5)和(0,0.75,0.5)。图 3-9(b)显示了超晶胞结构 4 中 Mn 原子形成的磁性原子链结构，其中 $l>k$，$60°<\alpha<90°$。如果按照磁性相互作用只考虑最近邻位置的相互作用，掺杂类型 4 中，Mn 原子形成两条独立的磁性原子链。

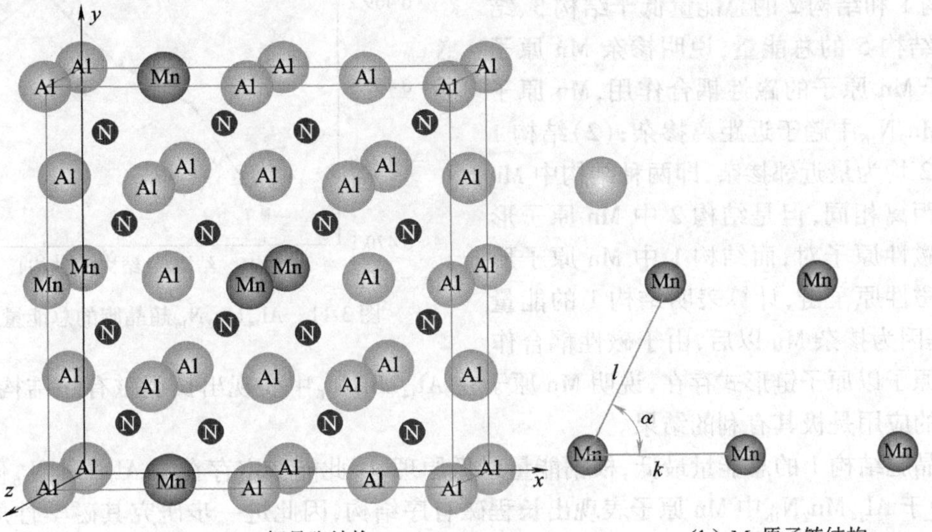

(a) $Al_{14}Mn_2N_{16}$超晶胞结构　　(b) Mn原子链结构

图 3-9　$Al_{14}Mn_2N_{16}$ 超晶胞结构 4

超晶胞结构 5 如图 3-10(a)所示，两个 Mn 原子以四近邻掺杂的方式出现，Mn 原子的坐标分别为(0,0,0)和(0.5,0.5,0)。图 3-10(b)显示了超晶胞结构 5 中 Mn 原子形成的磁性原子链结构，其中 $l>k$，$\alpha=90°$。如果按照磁性相互作用只考虑最近邻位置的相互作用，掺杂类型 5 中，Mn 原子形成两条独立的磁性原子链。

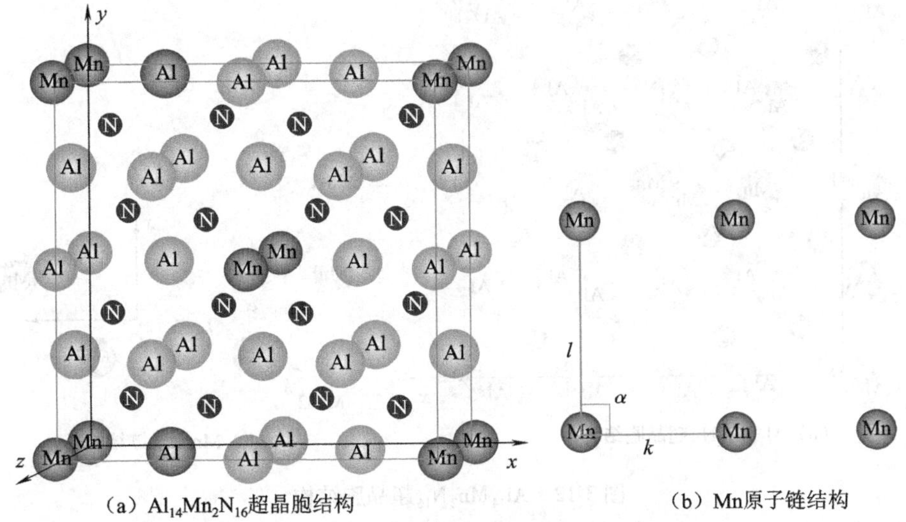

(a) $Al_{14}Mn_2N_{16}$超晶胞结构　　(b) Mn原子链结构

图 3-10　$Al_{14}Mn_2N_{16}$ 超晶胞结构 5

3.3.2 $Al_{14}Mn_2N_{16}$超晶胞结构的总能量

分别对五种结构的 $Al_{14}Mn_2N_{16}$ 超晶胞进行几何优化，优化时既优化原子位置，也优化晶格大小，优化成功后查看其系统总能量，总能量结果如图 3-11 所示，该结果说明两个问题：(1)结构 1 和结构 2 的总能量低于结构 3、结构 4 和结构 5 的总能量，说明掺杂 Mn 原子后，由于 Mn 原子的磁性耦合作用，Mn 原子在 $Al_{14}Mn_2N_{16}$中趋于近距离掺杂；(2)结构 1 和结构 2 均为最近邻掺杂，即两种结构中 Mn 原子的距离相同，但是结构 2 中 Mn 原子形成的是磁性原子对，而结构 1 中 Mn 原子形成的是磁性原子链，计算表明结构 1 的能量更低，是因为掺杂 Mn 以后，由于磁性耦合作用，Mn 原子以原子链形式存在，说明 Mn 原子在 $Al_{14}Mn_2N_{16}$ 中表现出长程磁有序结构，这对材料磁性的应用是极其有利的结果。

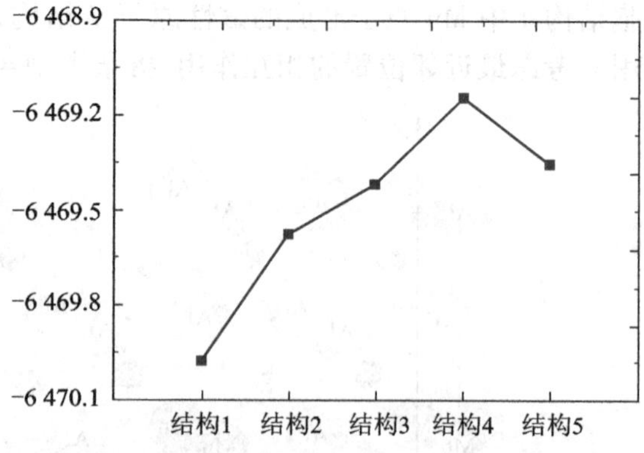

图 3-11 $Al_{14}Mn_2N_{16}$超晶胞的总能量

超晶胞结构 1 的总能量最低，根据能量最低原理，因此能稳定存在的 $Al_{14}Mn_2N_{16}$便是该结构，又由于 $Al_{14}Mn_2N_{16}$中 Mn 原子表现出长程磁有序结构，因此进一步研究其磁学性质和其他性质具有实际意义。

3.3.3 $Al_{14}Mn_2N_{16}$的结构特征

选择最稳定的 $Al_{14}Mn_2N_{16}$超晶胞结构，如图 3-12(a)所示，分析其结构特征。

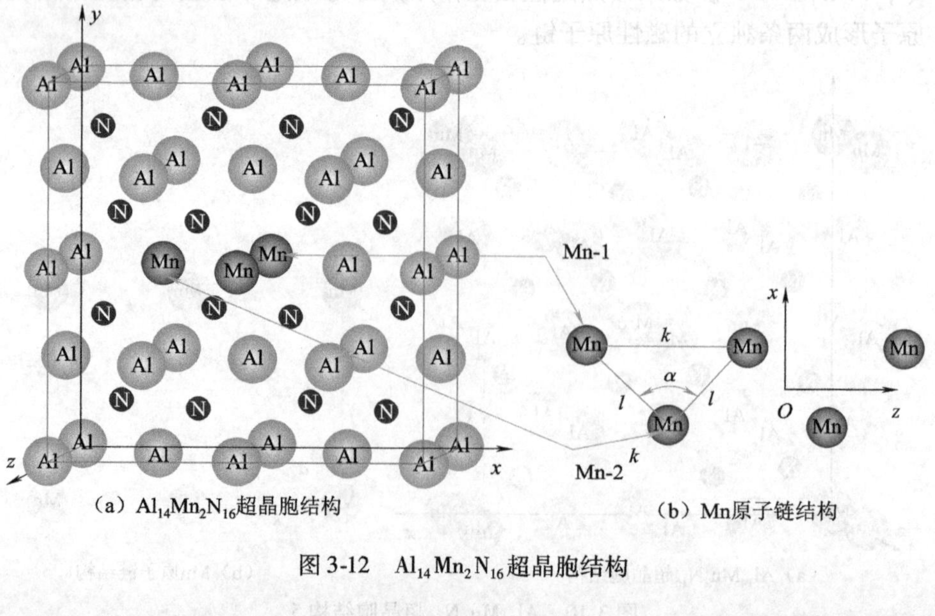

图 3-12 $Al_{14}Mn_2N_{16}$超晶胞结构

(1)计算 $Al_{16}N_{16}$ 和 $Al_{14}Mn_2N_{16}$ 的晶格常数，见表3-2，分析发现掺杂过渡金属Mn之后，晶格在三个方向均有增加，其中 a 方向(x 方向)变大了0.44%，b 方向(y 方向)变大了2.07%，c 方向(z 方向)变大了0.30%。Al为第三周期ⅢA族元素，原子序数13；过渡金属Mn为第四周期ⅦB族元素，原子序数25；由于Mn原子半径大于Al原子半径，因此掺杂后晶格常数变大是必然结果。在晶体的三个方向晶格常数均有增加，但是在 b 方向变化率最大，为了解释这个现象，有必要分析 $Al_{14}Mn_2N_{16}$ 中Mn原子的偏移特性。

表3-2　$Al_{16}N_{16}$ 和 $Al_{14}Mn_2N_{16}$ 晶格常数

名　称	a/nm	b/nm	c/nm	α/(°)	β/(°)	γ/(°)
$Al_{16}N_{16}$	0.879 1	0.879 1	0.439 5	90	90	90
$Al_{14}Mn_2N_{16}$	0.883 0	0.897 3	0.440 8	90	90	90
晶格畸变率	0.44%	2.07%	0.30%	0	0	0

(2)$Al_{14}Mn_2N_{16}$ 中Mn原子位置偏移特征分析：查看了 $Al_{14}Mn_2N_{16}$ 中Mn原子的坐标，研究发现 $Al_{14}Mn_2N_{16}$ 中Mn原子在原来Al原子的位置上有轻微的偏移，见表3-3，其中(0.5,0.5,0)位置的Mn原子向 x 负方向偏移了0.53%，(0.25,0.5,0.5)位置的Mn原子向 x 正方向偏移了1.07%。Mn原子位置偏移特征说明，由于磁性耦合作用，Mn原子有相互靠近的趋势，这个结论和Mn原子趋于近距离掺杂是一致的。Mn原子位置偏移特征也解释了 b 方向晶格常数变化率大于 a 方向和 c 方向变化率的原因，由图3-12(a)可知，$Al_{14}Mn_2N_{16}$ 中 b 方向Mn原子之间距离大，a 方向和 c 方向Mn原子之间距离小，又因为磁性相互作用属于近距离相互作用，那么 b 方向磁性相互作用小于 a 方向和 c 方向磁性相互作用，因此促使 a 方向和 c 方向Mn原子相互靠近的作用大于 b 方向，最终磁性相互作用的影响使得超晶胞在 b 方向晶格常数变化率大于 a 方向和 c 方向的变化率。

表3-3　Mn原子和Al原子位置

原子位置	x	y	z	原子位置	x	y	z
Mn-1	0.497 33	0.5	0	Mn-2	0.252 67	0.5	0.5
Al-1	0.5	0.5	0	Al-2	0.25	0.5	0.5
偏移率	−0.53%	0	0	偏移率	1.07%	0	0

(3)Mn原子形成的磁性原子链特征分析，Mn原子链结构如图3-12(b)所示，根据晶格常数和Mn原子位置，计算出磁性原子链中，$l=0.308\ 6$ nm，$k=0.440\ 8$ nm，$\alpha=91.14°$，由于Mn原子的偏移，原子链中Mn原子之间夹角并不是90°，而是有所增加。

3.4　$Al_{16}N_{16}$ 与 $Al_{14}Mn_2N_{16}$ 的力学性质

3.4.1　刚度常数与力学稳定性

晶体能否稳定存在，可以利用晶体的刚度常数 C_{ij} 进行判断，因此计算了 $Al_{16}N_{16}$ 和 $Al_{14}Mn_2N_{16}$ 的

刚度常数 C_{ij} 见表 3-4，结果表明 $Al_{16}N_{16}$ 和 $Al_{14}Mn_2N_{16}$ 均属于正交晶系，根据式(3-1)正交晶系的力学稳定性判据，证明 $Al_{16}N_{16}$ 是力学稳定的，掺杂后 $Al_{14}Mn_2N_{16}$ 也是力学稳定的，因此可以进一步研究 $Al_{14}Mn_2N_{16}$ 的其他性质。

表 3-4　$Al_{16}N_{16}$ 和 $Al_{14}Mn_2N_{16}$ 的刚度常数 C_{ij}

名　称	C_{11}	C_{12}	C_{13}	C_{22}	C_{23}	C_{33}	C_{44}	C_{55}	C_{66}
$Al_{16}N_{16}$	278.86	144.9	144.8	279.12	144.92	278.95	184.54	184.55	184.4
$Al_{14}Mn_2N_{16}$	253.89	132.48	143.28	272.34	134.46	253.76	151.48	161.77	152.2

$$\begin{cases} C_{ii} > 0 \\ C_{11} + C_{22} - 2C_{12} > 0 \\ C_{11} + C_{33} - 2C_{13} > 0 \\ C_{22} + C_{33} - 2C_{23} > 0 \\ C_{11} + C_{22} + C_{33} + 2(C_{12} + C_{13} + C_{23}) > 0 \end{cases} \tag{3-1}$$

3.4.2 杨氏模量的三维分布

单晶体的杨氏模量在空间各方向是不一样的，形成一个取向分布，材料在某方向的杨氏模量，等于该方向上单向拉伸时，其正应力与正应变之比。根据柔度常数可以定义单晶体杨氏模量的三维分布规律，正交晶系杨氏模量的三维分布规律由式(3-2)定义。

$$\frac{1}{E} = S_{11}l_1^4 + S_{22}l_2^4 + S_{33}l_3^4 + (2S_{12} + S_{66})l_1^2l_2^2 + (2S_{13} + S_{55})l_1^2l_3^2 + (2S_{23} + S_{44})l_2^2l_3^2 \tag{3-2}$$

其中 l_1, l_2, l_3 为方向余弦，E 为杨氏模量在该方向的大小，其定义见式(3-3)。

$$\begin{cases} E = \sqrt{x^2 + y^2 + z^2} \\ l_1 = \dfrac{x}{\sqrt{x^2 + y^2 + z^2}} \\ l_2 = \dfrac{y}{\sqrt{x^2 + y^2 + z^2}} \\ l_3 = \dfrac{z}{\sqrt{x^2 + y^2 + z^2}} \end{cases} \tag{3-3}$$

将式(3-3)代入式(3-2)中化简可得到三维杨氏模量的隐函数表达形式，见式(3-4)。

$$(x^2 + y^2 + z^2)^{\frac{3}{2}} = S_{11}x^4 + S_{22}y^4 + S_{33}z^4 + (2S_{12} + S_{66})x^2y^2 + (2S_{13} + S_{55})x^2z^2 + (2S_{23} + S_{44})y^2z^2 \tag{3-4}$$

根据式(3-4)和柔度常数，计算 $Al_{16}N_{16}$ 和 $Al_{14}Mn_2N_{16}$ 的杨氏模量三维分布特性，如图 3-13 所示。

$Al_{16}N_{16}$ 杨氏模量的最大值为 417.90 GPa，沿 $(\theta,\varphi) = (45°, 54.5°)$ 方向取得最大值，最小值为 179.88 GPa，沿 $(\theta,\varphi) = (0°, 90°)$ 方向取得最小值，即晶体的 z 方向；$Al_{14}Mn_2N_{16}$ 杨氏模量的最大值为 360.32 GPa，沿 $(\theta,\varphi) = (44.5°, 54.5°)$ 方向取得最大值，最小值为 155.37 GPa，沿

$(\theta,\varphi)=(90°,0°)$方向取得最小值，即沿晶体的 y 方向。很明显，$Al_{16}N_{16}$ 与 $Al_{14}Mn_2N_{16}$ 的杨氏模量在直角坐标系的八个卦限分布是对称的，完美地体现了晶体的对称性，同时也能看到杨氏模量在不同方向值不一样，表现出各向异性。

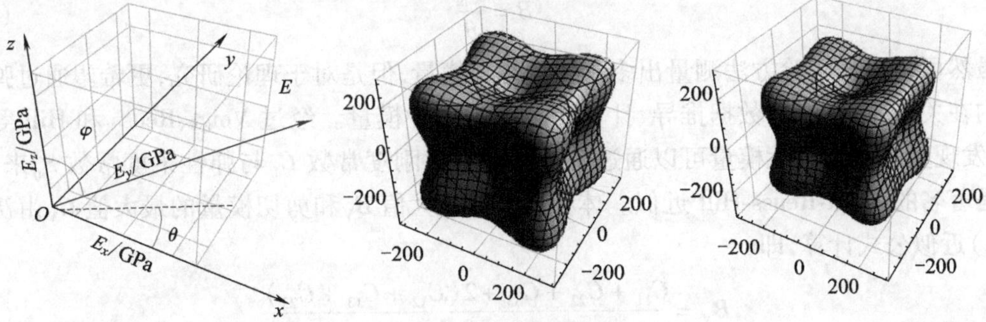

（a）坐标轴定义　（b）$Al_{16}N_{16}$ 的杨氏模量　（c）$Al_{14}Mn_2N_{16}$ 的杨氏模量

图 3-13　$Al_{16}N_{16}$ 和 $Al_{14}Mn_2N_{16}$ 的杨氏模量

3.4.3　多晶体的弹性模量

单晶体的杨氏模量三维分布表达了单晶体杨氏模量在空间的三维分布特性，而实际中大多数晶体为多晶体，因此多晶体的弹性模量也是晶体很重要的基本力学性质。弹性模量是描述固体弹性性质的物理量，是一个总称，主要包括体积模量 B、剪切模量 G、杨氏模量 E 和泊松比 μ，这些模量均称作弹性模量。多晶体的弹性模量是各向同性的，可以方便地通过实验测量出来。

单向应力状态下，假设试件横截面上的正应力为 σ，试件的纵向应变为 ε，根据胡克定律，则杨氏模量 E 可用式(3-5)计算。

$$E=\frac{\sigma}{\varepsilon} \tag{3-5}$$

单向应力状态下，假设试件的纵向应变为 $\varepsilon_{纵}$，横向应变为 $\varepsilon_{横}$，按照泊松比的定义式(3-6)可以得到泊松比 μ。

$$\mu=\left|\frac{\varepsilon_{横}}{\varepsilon_{纵}}\right| \tag{3-6}$$

纯剪切状态下，假设试件的切应力为 τ，试件的切应变为 γ，根据剪切胡克定律，则剪切模量 G 可用式(3-7)计算。

$$G=\frac{\tau}{\gamma} \tag{3-7}$$

在三向应力状态下，假设试件的三个主应力分别为 σ_1、σ_2、σ_3，三个边的应变分别为 ε_1、ε_2、ε_3，则平均应力为

$$\sigma_m=\frac{\sigma_1+\sigma_2+\sigma_3}{3} \tag{3-8}$$

体积应变为

$$\theta = \varepsilon_1 + \varepsilon_2 + \varepsilon_3 \tag{3-9}$$

根据体积胡克定律,可得到体积模量 B,即

$$B = \frac{\sigma_m}{\theta} \tag{3-10}$$

虽然可以通过实验方法测量出多晶体的弹性模量,但是对于理论研究,更希望通过弹性模量的内在关系,用已有的数据推导、计算出材料的弹性模量。经过 Voigt、Reuss 和 Hill 等人的研究,发现多晶体的弹性模量可以通过单晶体的弹性刚度常数 C_{ij} 与弹性柔度常数 S_{ij} 来计算,这就是著名的 Voigt-Reuss-Hill 近似。体积模量的最大值 B_V 和剪切模量的最大值 G_V 由沃伊特(Voigt)近似公式计算,即

$$B_V = \frac{C_{11} + C_{22} + C_{33} + 2(C_{12} + C_{13} + C_{23})}{9} \tag{3-11}$$

$$G_V = \frac{C_{11} + C_{22} + C_{33} - C_{12} - C_{13} - C_{23}}{15} + \frac{C_{44} + C_{55} + C_{66}}{5} \tag{3-12}$$

体积模量的最小值 B_R 和剪切模量的最小值 G_R 由瑞斯(Reuss)近似公式计算,即

$$B_R = \frac{1}{S_{11} + S_{22} + S_{33} + 2(S_{12} + S_{13} + S_{23})} \tag{3-13}$$

$$G_R = \frac{15}{4(S_{11} + S_{22} + S_{33}) + 3(S_{44} + S_{55} + S_{66}) - 4(S_{12} + S_{13} + S_{23})} \tag{3-14}$$

Hill 的研究表明,多晶体的体积模量和剪切模量既不是 Voigt 近似得到的最大值,也不是 Reuss 近似得到的最小值,而是介于两者之间,因此 Hill 的研究提出多晶体的体积模量和剪切模量是两者的平均值,该结论称为 Hill 近似,众多的研究数据表明 Hill 近似的结果与实验值更接近。多晶体体积模量 B 和剪切模量 G 的平均值由 Hill 近似公式计算

$$B = \frac{B_V + B_R}{2} \tag{3-15}$$

$$G = \frac{G_V + G_R}{2} \tag{3-16}$$

Hill 进一步指出多晶体杨氏模量 E 用式(3-17)计算,泊松比用式(3-18)计算

$$E = \frac{9BG}{3B + G} \tag{3-17}$$

$$\mu = \frac{3B - 2G}{6B + 2G} \tag{3-18}$$

式(3-11)~式(3-14)计算了多晶体体积模量 B、剪切模量 G 的最大值和最小值,式(3-15)~式(3-18)计算了多晶体模量的平均值,一般来说,按 Hill 近似计算的模量值就表示了多晶体的弹性模量。

根据式(3-11)~式(3-18)计算了 $Al_{16}N_{16}$ 和 $Al_{14}Mn_2N_{16}$ 多晶体的体积模量 B、剪切模量 G、杨氏模量 E 与泊松比 μ,见表 3-5。计算发现,掺杂 Mn 之后,B、G、E 均下降,其中剪切模量下降最明显,达到 13.17%,说明掺杂后材料的抗剪切性能下降,但是泊松比 μ 增加了 7.07%。

表 3-5　$Al_{16}N_{16}$ 和 $Al_{14}Mn_2N_{16}$ 的 B、G、E、μ

名　称	B	G	E	μ
$Al_{16}N_{16}$	189.57(GPa)	123.00(GPa)	223.79(GPa)	0.233
$Al_{14}Mn_2N_{16}$	177.80(GPa)	106.80(GPa)	200.16(GPa)	0.250
变化率	-6.21%	-13.17%	-10.57%	7.07%

3.4.4　各向异性

多晶体的弹性模量没有给出材料各向异性的信息，但是单晶体一定是各向异性的，由单晶体的杨氏模量三维分布也可直观看到是各向异性的。关于各向异性的度量，一般来说有四个指标可以用来表征晶体各向异性程度，分别是体积模量各向异性因子、剪切模量各向异性因子、杨氏模量各向异性因子和通用弹性各向异性。

根据 B_V、B_R、G_V、G_R、E_V 和 E_R 定义晶体的各向异性因子见式(3-19)。

$$\begin{cases} A_B = \dfrac{B_V - B_R}{B_V + B_R} \\ A_G = \dfrac{G_V - G_R}{G_V + G_R} \\ A_E = \dfrac{E_V - E_R}{E_V + E_R} \\ A^U = 5\dfrac{G_V}{G_R} + \dfrac{B_V}{B_R} - 6 \end{cases} \tag{3-19}$$

式(3-19)中，A_B 为体积模量各向异性因子，A_G 为剪切模量各向异性因子，A_E 为杨氏模量各向异性因子，A_B、A_G 和 A_E 的取值在[0,1]之间，值越接近 0，表明各向异性越小；值越接近 1，表明材料的各向异性越大。A^U 为通用弹性各向异性因子，恒大于等于 0，值越大说明各向异性越大，当通用弹性各向异性因子等于 0 时，表明材料是各向同性的。

式(3-19)中，B_V、B_R、G_V 和 G_R 可以根据式(3-11)~式(3-14)计算，但是 E_V 和 E_R 的值没有解析公式，一般由式(3-2)进行数值解的方法获得杨氏模量的最大值 E_V 与杨氏模量的最小值 E_R，由于式(3-2)所表示的杨氏模量在空间八个卦限是对称的，因此只需要计算第一卦限的数值即可，本书计算时 (θ,φ) 的间隔均取 0.5°进行计算，由数值求解计算出 E_V 与 E_R 的值，从而计算出杨氏模量各向异性 A_E。

计算了 $Al_{16}N_{16}$ 和 $Al_{14}Mn_2N_{16}$ 的四种各向异性因子，见表 3-6，通过各向异性指标的具体数值得出，$Al_{16}N_{16}$ 的体积模量是各向同性的，$Al_{14}Mn_2N_{16}$ 的体积模量有微小的各向异性，仅有 0.01%。$Al_{16}N_{16}$ 的剪切模量有 11.80% 的各向异性，$Al_{14}Mn_2N_{16}$ 的剪切模量各向异性比 $Al_{16}N_{16}$ 的剪切模量各向异性小，为 10.24%。$Al_{16}N_{16}$ 的杨氏模量有 39.82% 的各向异性，$Al_{14}Mn_2N_{16}$ 的杨氏模量各向异性比 $Al_{16}N_{16}$ 的杨氏模量各向异性小，为 39.74%。$Al_{16}N_{16}$ 的通用各向异性为 1.34，$Al_{14}Mn_2N_{16}$ 的通用各向异性比 $Al_{16}N_{16}$ 的通用各向异性小，为 1.14。通过对四种各向异性因子的研究，发现掺杂 Mn 原子后，$Al_{14}Mn_2N_{16}$ 的 A_G、A_E 和 A^U 指标均降低，仅仅是 A_B 有非常微小的增加，总体来说，$Al_{14}Mn_2N_{16}$ 的各向异性小于 $Al_{16}N_{16}$ 的各向异性。

表 3-6　$Al_{16}N_{16}$ 和 $Al_{14}Mn_2N_{16}$ 的各向异性因子

名　称	$Al_{16}N_{16}$	$Al_{14}Mn_2N_{16}$	变化率
B_V	189.57(GPa)	177.83(GPa)	-6.19%
B_R	189.57(GPa)	177.78(GPa)	-6.22%
G_V	137.52(GPa)	117.74(GPa)	-14.38%
G_R	108.49(GPa)	95.86(GPa)	-11.64%
E_V	417.90(GPa)	360.32(GPa)	-13.78%
E_R	179.88(GPa)	155.37(GPa)	-13.63%
A_B	0	0.01%	—
A_G	11.80%	10.24%	-13.22%
A_E	39.82%	39.74%	-0.20%
A^U	1.34	1.14	-14.93%

3.4.5　硬度与延展性

硬度是表示材料力学性质的一个常用指标，硬度有多种不同的度量方法，常用的有维氏硬度、布氏硬度和洛氏硬度。实验测量硬度常采用压痕法，压痕法可以方便、迅速地测量出材料的硬度，压痕法是以一定的载荷，将具有特殊形状的较硬的物体压入材料的表面，材料因此产生塑性变形，根据压痕的深度和表面积，可以计算出材料的硬度。

材料的维氏硬度可以由体积模量和剪切模量来定义，维氏硬度（Vickers hardness）用半实验模型来描述，即

$$HV = 2\ (k^2 G)^{0.585} - 3 \tag{3-20}$$

式中

$$k = \frac{G}{B} \tag{3-21}$$

延展性是表示材料在受到外力作用下产生破裂之前的塑性变形能力，延展性是延性和展性两个概念的合称。延性指材料受拉状态不断裂的性质，展性指材料受压状态不破裂的性质。

材料的延展性也可以由体积模量 B 和剪切模量 G 定义，即

$$D = \frac{B}{G} \tag{3-22}$$

根据 Pugh 理论，当 $D > 1.75$ 时，材料表现出延展性，$D < 1.75$ 时，材料表现出脆性，D 的值越大，材料的延展性越好。

计算了 $Al_{16}N_{16}$ 和 $Al_{14}Mn_2N_{16}$ 的维氏硬度和延展性，见表 3-7，研究发现，掺杂 Mn 之后，维氏硬度下降了 18.64%，但是延展性提高了 8.02%，说明掺杂 Mn 损失了氮化铝的维氏硬度，但是提高了延展性，使得材料不容易发生脆断，提高延展性对半导体材料的应用是有积极意义的。

表 3-7　$Al_{16}N_{16}$ 和 $Al_{14}Mn_2N_{16}$ 的 HV、B/G

名　称	HV	B/G
$Al_{16}N_{16}$	17.129(GPa)	1.541
$Al_{14}Mn_2N_{16}$	13.934(GPa)	1.665
变化率	-18.64%	8.02%

3.5　$Al_{16}N_{16}$ 与 $Al_{14}Mn_2N_{16}$ 的磁学性质

3.5.1　能带与态密度

固体的能带结构与电子态密度是反映固体中电子运动规律的重要信息，因此计算了 $Al_{16}N_{16}$ 和 $Al_{14}Mn_2N_{16}$ 的能带结构与电子态密度。

图 3-14 为 $Al_{16}N_{16}$ 与 $Al_{14}Mn_2N_{16}$ 的能带结构，由于 GGA 算法总是低估固体的带隙宽度，常用的方法是采用剪刀算符修正带隙宽度，因此能带结构的计算采用了 2.938 eV 的剪刀算符，计算出 $Al_{16}N_{16}$ 的带隙宽度为 6.280 eV，与实验值一致，$Al_{16}N_{16}$ 的能带如图 3-14(a)所示，其自旋向上与自旋向下的能带是完全重叠的，说明是无磁性的。$Al_{14}Mn_2N_{16}$ 的能带如图 3-14(b)所示，其自旋向上与自旋向下的能带不完全重叠，因此 $Al_{14}Mn_2N_{16}$ 具有磁性，其带隙宽度为 3.426 eV，比 $Al_{16}N_{16}$ 的带隙窄了 44.45%。

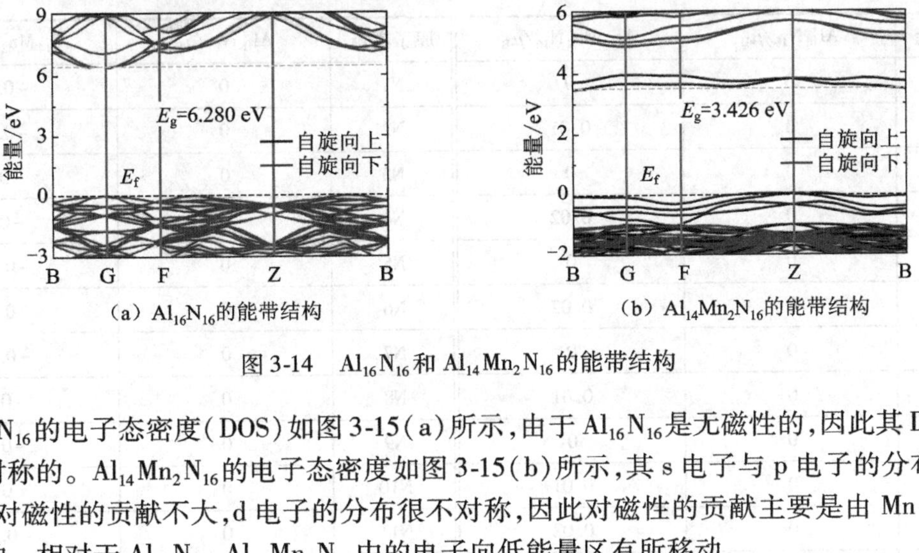

(a) $Al_{16}N_{16}$ 的能带结构　　(b) $Al_{14}Mn_2N_{16}$ 的能带结构

图 3-14　$Al_{16}N_{16}$ 和 $Al_{14}Mn_2N_{16}$ 的能带结构

$Al_{16}N_{16}$ 的电子态密度(DOS)如图 3-15(a)所示，由于 $Al_{16}N_{16}$ 是无磁性的，因此其 DOS 的分布也是对称的。$Al_{14}Mn_2N_{16}$ 的电子态密度如图 3-15(b)所示，其 s 电子与 p 电子的分布基本对称，因此对磁性的贡献不大，d 电子的分布很不对称，因此对磁性的贡献主要是由 Mn 的 3d 电子贡献的。相对于 $Al_{16}N_{16}$，$Al_{14}Mn_2N_{16}$ 中的电子向低能量区有所移动。

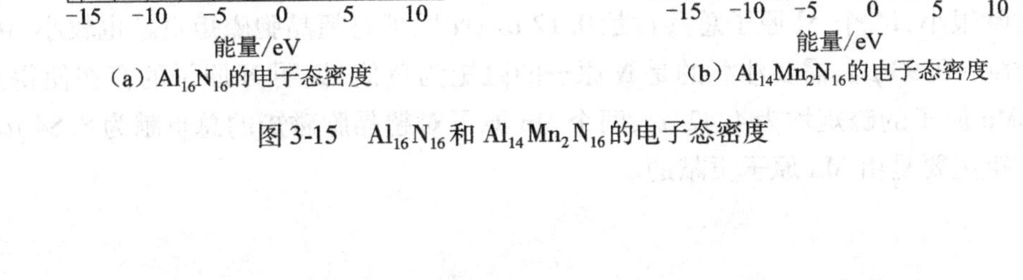

(a) $Al_{16}N_{16}$ 的电子态密度　　(b) $Al_{14}Mn_2N_{16}$ 的电子态密度

图 3-15　$Al_{16}N_{16}$ 和 $Al_{14}Mn_2N_{16}$ 的电子态密度

3.5.2 磁矩

通过能带和态密度分析发现 $Al_{14}Mn_2N_{16}$ 具有磁性，为了定量分析 $Al_{14}Mn_2N_{16}$ 中磁矩大小，通过布居数分析计算了 $Al_{14}Mn_2N_{16}$ 中每一个原子的磁矩，结果见表 3-8。由表 3-8 可知，未掺杂时，$Al_{16}N_{16}$ 中的每一个 Al 原子和每一个 N 原子磁矩均是 0，整体来说 $Al_{16}N_{16}$ 没有磁性，并且其中每一个原子都不具有磁矩。但是掺杂过渡金属 Mn 之后，$Al_{14}Mn_2N_{16}$ 的 14 个 Al 原子中有 8 个具有了磁矩，16 个 N 原子中有 13 个具有了磁矩，因此掺杂 Mn 之后，不仅引入了磁矩，还改变了原来 $Al_{16}N_{16}$ 中 Al 原子和 N 原子的磁矩分布，说明掺杂 Mn 原子后，由于电子的自旋耦合改变了原来 $Al_{16}N_{16}$ 中电子运动的自旋状态。两个 Mn 原子磁矩均为正，即自旋方向相同，说明 Mn 原子与 Mn 原子之间是铁磁性耦合；Al 原子磁矩也为正，因此 Al 原子与 Mn 原子之间也是铁磁性耦合；N 原子磁矩为负，因此 N 原子与 Mn 原子之间是反铁磁性耦合，反铁磁性耦合使得超晶胞的总磁矩减小，同时也会使得材料的居里温度降低。

表 3-8 $Al_{16}N_{16}$ 和 $Al_{14}Mn_2N_{16}$ 的原子磁矩

原子磁矩	$Al_{16}N_{16}/\mu_B$	$Al_{14}Mn_2N_{16}/\mu_B$	原子磁矩	$Al_{16}N_{16}/\mu_B$	$Al_{14}Mn_2N_{16}/\mu_B$
Al1	0	0	N1	0	-0.01
Al2	0	0.01	N2	0	-0.23
Al3	0	0	N3	0	0
Al4	0	0.02	N4	0	-0.1
Al5	0	0	N5	0	-0.01
Al6	0	0.02	N6	0	-0.01
Al7	0	0	N7	0	-0.01
Al8	0	0.01	N8	0	-0.1
Al9	0	0	N9	0	-0.1
Al10	0	0.01	N10	0	0
Al11	0	0.02	N11	0	-0.23
Al12	0	0.02	N12	0	-0.01
Al13	0	0	N13	0	-0.1
Al14	0	0.01	N14	0	-0.01
Al15(Mn1)	0	4.42	N15	0	-0.01
Al16(Mn2)	0	4.42	N16	0	0

表 3-9 为 $Al_{14}Mn_2N_{16}$ 超晶胞的磁矩，由表 3-9 知，超晶胞总磁矩为 8.03 μ_B，Al 原子对超晶胞磁矩贡献很小，14 个 Al 原子总共贡献 0.12 μ_B；N 原子对超晶胞磁矩贡献也较小，16 个 N 原子总共贡献 -0.93 μ_B，需要注意的是 N 原子的磁矩为负值，说明 N 原子的存在使得总磁矩下降；两个 Mn 原子的磁矩均为 4.42 μ_B，两个 Mn 原子对超晶胞磁矩的总贡献为 8.84 μ_B，因此超晶胞总磁矩主要是由 Mn 原子贡献的。

表 3-9　$Al_{14}Mn_2N_{16}$ 超晶胞的磁矩

名　称	Al	N	Mn	Total
原子数量	14	16	2	32
原子的平均磁矩/μ_B	0.008 571	−0.058 13	4.42	—
超晶胞的总磁矩/μ_B	0.12	−0.93	8.84	8.03

3.6　居里温度

3.6.1　海森堡模型计算居里温度

根据海森堡平均场理论，Sato 等人指出居里温度可由式(3-23)计算。

$$K_B T_C = \frac{2\Delta E}{3x} \tag{3-23}$$

其中，T_C是居里温度，K_B是波尔兹曼常数(1.38×10^{-23} J/K)，x 为磁性原子的浓度(本文的掺杂浓度为 $x=12.5\%$)，ΔE 为自旋玻璃态结合能与铁磁态结合能之差，ΔE 的具体计算过程见式(3-24)。

$$\Delta E = \frac{E_{AFM} - E_{FM}}{16} \tag{3-24}$$

式中，E_{FM}为超晶胞在铁磁态的总能量，E_{AFM}为超晶胞在反铁磁态的总能量，因为 $Al_{14}Mn_2N_{16}$ 超晶胞包含了 16 个晶体学原胞，因此总能量之差除以 16 便得到结合能之差。

计算了 $Al_{14}Mn_2N_{16}$ 超晶胞在铁磁态的总能量 E_{FM}为 −6 469.974 8 eV，反铁磁态的总能量 E_{AFM}为 −6 469.236 7 eV，显然铁磁态能量低，说明 $Al_{14}Mn_2N_{16}$ 的基态为铁磁态，再根据式(3-23)、式(3-24)计算出 $Al_{14}Mn_2N_{16}$ 的居里温度为 2 855 K。

3.6.2　海森堡模型计算居里温度的误差分析

采用海森堡模型计算出的居里温度总是偏高，对于总是偏高的原因，本书做如下解释：

(1)铁磁态可以精确描述。第一性原理计算时，建立的超晶胞是在三个方向无限扩展的周期性结构，计算居里温度的一般方法是在超晶胞中掺杂两个磁性原子，两个磁性原子的自旋均设置为向上，因此磁性原子的铁磁态可以很精确的描述，如图 3-16(a)所示，超晶胞周期性扩展，其自旋均向上，因此能很精确地描述出铁磁态。

(2)用反铁磁态代替了自旋玻璃态，自旋玻璃态未得到精确描述。超晶胞中的两个磁性原子，设置一个自旋向上，另一个自旋向下，如图 3-16(b)所示，超晶胞周期性扩展，磁矩是一个向上一个向下的有序排列，该状态描述的磁性状态其实叫作反铁磁态，由于反铁磁态的自旋排列还是非常有序的，因此与自旋玻璃态有本质的区别，自旋玻璃态指的是完全无序的一种状态，如图 3-16(c)所示。

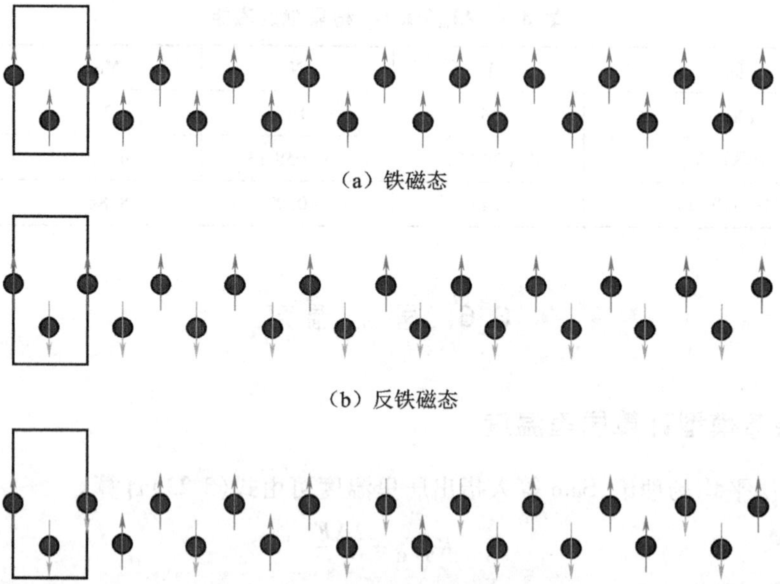

（a）铁磁态

（b）反铁磁态

（c）自旋玻璃态

图 3-16　铁磁态,反铁磁态与自旋玻璃态

(3)海森堡模型计算居里温度时,ΔE 按照原本的意义应该是自旋玻璃态结合能与铁磁态结合能之差,但是在建立超晶胞结构时,并没有建立出严格意义的自旋玻璃态,而是用反铁磁态代替了自旋玻璃态。很显然,自旋玻璃态的磁矩取向分布规律与反铁磁态的磁矩取向分布规律不一样,因而自旋玻璃态和反铁磁态的能量也是不一样的,所以计算的居里温度一定存在误差。

(4)为了定量证明自旋玻璃态的总能量与反铁磁态总能量不一致,利用随机数来确定自旋玻璃态中的磁矩取向,仿真真实的无序状态。图 3-16(c)所示的自旋玻璃态,其磁矩取向采用随机数生成,生成 L(L 表示磁性原子链中磁矩的个数,即原子链长度)个只包含 ±1 的随机数,+1 表示自旋磁矩向上且磁矩大小为 1,−1 表示自旋磁矩向下且磁矩大小为 1,根据随机数生成的先后顺序,给自旋玻璃态中磁矩取向赋值。根据 Ising 模型,铁磁系统的哈密顿量可表示为

$$H = -J\sum_{i} S_i S_{i'} \tag{3-25}$$

其中 i 表示磁性原子的位置,S_i 表示在 i 位置的自旋磁矩大小,$S_{i'}$ 表示 S_i 的最近邻位置的自旋磁矩大小与方向,S_i 与 $S_{i'}$ 的大小和方向是随机生成的 ±1,J 表示铁磁交换耦合常数。为了计算方便,系统总能量均做归一化处理,即计算的总能量平均到每一个磁矩上,计算结果如图 3-17 所示。

图 3-17 给出了归一化的自旋玻璃态总能量 $E_{\text{spin-glass}}$ 随原子链长度 L 的变化关系,由图可知,当 L 小于 10 000 时,$E_{\text{spin-glass}}$ 有较大的波动;$L = 10\ 000$ 时,$E_{\text{spin-glass}}$ 已经趋近于 0;随着 L 的增加,$E_{\text{spin-glass}}$ 很稳定的收敛于 0。再考察总能量 E_{FM} 和 E_{AFM},按照 Ising 模型,图 3-16(a)所示的铁磁态总能量永远是 $E_{\text{AFM}} = -J$,图 3-16(b)所示的反铁磁态总能量永远是 $E_{\text{AFM}} = J$。根据计算的 E_{FM},E_{AFM} 以及 $E_{\text{spin-glass}}$,得到结合能之差 $\Delta E_1 = E_{\text{AFM}} - E_{\text{FM}} = 2J$ 以及 $\Delta E_2 = E_{\text{spin-glass}} - E_{\text{FM}} = J$,

显然 $\Delta E_1 > \Delta E_2$，将这个结果代入式(3-23)计算居里温度，毫无疑问，用反铁磁态计算的居里温度一定大于用自旋玻璃态计算的居里温度。

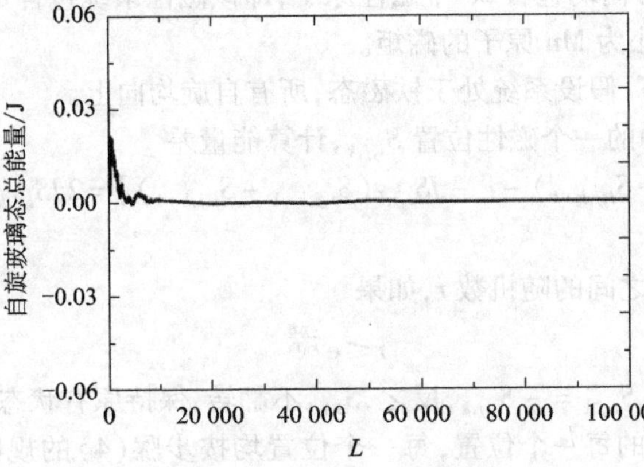

图 3-17　自旋玻璃态总能量

(5) 原子链长度 L 对应了物质的空间尺度，一个磁矩的空间尺度处于纳米尺度，当 L 等于 10 000 时，物质的空间尺度在微米范围；当 L 等于 100 000 时，物质的空间尺度不超过 1 mm。这个结果说明宏观材料至微米材料中，自旋玻璃态的系统总能量与反铁磁态总能量是不一样的，其根本原因还是因为自旋玻璃态与反铁磁态有着本质的区别。

综上所述，自旋玻璃态与反铁磁态有着本质的区别，无论是自旋磁矩的排列规律还是系统总能量都不一样，用反铁磁态代替自旋玻璃态一定会造成误差，这便是海森堡模型计算的居里温度总是偏高的原因。但是从另一个方面来看，由于服务器计算能力的限制，第一性原理在计算时不可能建立包含大量磁性原子的晶胞体系，因此用反铁磁态代替自旋玻璃态这种方法有着重要的参考价值，每年用该方法预测稀磁半导体居里温度的成果非常多，也是该方法具有重要应用价值的强有力证据。

3.6.3　蒙特卡洛方法计算居里温度

蒙特卡洛方法计算铁磁系统的居里温度，根据 Ising 模型，三维铁磁系统的哈密顿量可表示为

$$H = -J\sum_{i,j,k} S_{i,j,k}S_{i',j',k'} \tag{3-26}$$

其中 i,j,k 表示磁性原子的位置，$S_{i,j,k}$ 表示在 (i,j,k) 位置的自旋磁矩大小和方向，$S_{i',j',k'}$ 表示 $S_{i,j,k}$ 的最近邻位置的自旋磁矩大小和方向，$S_{i,j,k}$ 与 $S_{i',j',k'}$ 取正说明自旋方向向上，取负说明自旋方向向下，J 表示铁磁交换耦合常数。

铁磁交换耦合常数 J 采用式(3-27)计算。

$$J = \frac{\Delta E}{2ZS^2} = \frac{E_{AFM} - E_{FM}}{2ZS^2} \tag{3-27}$$

其中，Z 为配位数，指磁性原子的最近邻磁性原子数，S 指自旋磁矩的大小，E_{AFM} 与 E_{FM} 分别代表反铁磁态与铁磁态的总能量，总能量由第一性原理软件包计算得到。

根据 Ising 模型，采用蒙特卡洛方法计算铁磁系统居里温度的方法和步骤如下：

(1)对于 $Al_{14}Mn_2N_{16}$ 超晶胞，在超晶胞的 a 方向和 b 方向扩大 20 倍，c 方向扩大 10 倍，建立的磁性系统在 a、b、c 方向均包含 20 个磁性原子，即该磁性系统包含 8 000 个磁性原子，每个磁性原子 $S_{i,j,k}$ 的磁矩大小为 Mn 原子的磁矩。

(2)在任意温度 T 下，假设系统处于铁磁态，所有自旋均向上。

(3)任取铁磁系统中的一个磁性位置 $S_{i,j,k}$，计算能量差

$$\Delta E = JS_{i,j,k}(S_{i,j,k-1} + S_{i,j,k+1}) - [-JS_{i,j,k}(S_{i,j,k-1} + S_{i,j,k+1})] = 2JS_{i,j,k}(S_{i,j,k-1} + S_{i,j,k+1}) \tag{3-28}$$

(4)生成一个(0,1)之间的随机数 r，如果

$$r \leqslant e^{\frac{-\Delta E}{k_B T}} \tag{3-29}$$

则将 $S_{i,j,k}$ 翻转一次，即令 $S_{i,j,k} = -S_{i,j,k}$，反之，$S_{i,j,k}$ 不翻转，保持原有状态。

(5)$S_{i,j,k}$ 遍历体系中的每一个位置，每一个位置均按步骤(4)的规则翻转，称为一个蒙特卡洛步，经历足够的蒙特卡洛步之后，系统磁矩趋于稳定。

(6)计算稳定状态下的系统磁矩，该磁矩表示了稳定状态下 $Al_{14}Mn_2N_{16}$ 超晶胞的磁矩 M，即

$$M = 2\frac{1}{8\ 000}\sum_{i,j,k=1}^{i,j,k=20} S_{i,j,k} \tag{3-30}$$

(7)选取足够宽的温度范围，计算每一个温度下的 M，绘制 M-T 曲线，M-T 曲线的拐点对应的温度定义为铁磁系统的居里温度，即铁磁态到自旋玻璃态的转变温度。

第(1)步骤中将超晶胞扩大是为了使体系中包含大量的磁性原子，磁性原子越多，模拟出的自旋玻璃态越接近真实的无序状态；另一方面，磁性原子数量过多以后，若要得到理想的 M-T 曲线，就需要更多的蒙特卡洛步，也即磁性系统需要更长时间的磁矩翻转才能得到稳定的磁矩。经过多次测试以后，本文选定了包含 8 000 个磁性原子的体系进行计算。

第(3)步的物理意义：任意取一个磁矩位置(i,j,k)，其磁矩大小和方向为 $S_{i,j,k}$，假设该磁矩取向翻转一次，即 $S'_{i,j,k} = -S_{i,j,k}$，磁矩的翻转必然造成了磁性体系总能量的变化，变化的能量 $\Delta E = 2JS_{i,j,k}(S_{i,j,k-1} + S_{i,j,k+1})$，因此第(3)步是一个假设状态，假设某位置的磁矩翻转，引起体系总能量的变化情况。

第(4)步的物理意义：由 $r \leqslant e^{\frac{-\Delta E}{k_B T}}$ 出发，由于 r 是(0,1)之间的随机数，若 $\Delta E \leqslant 0$，则 $r \leqslant e^{\frac{-\Delta E}{k_B T}}$ 一定成立，那么 $S_{i,j,k}$ 取向翻转一次，也就是说翻转后体系总能量更低，由能量最低原理，该情况下磁矩翻转是必然发生的。若 $\Delta E > 0$，则 $r \leqslant e^{\frac{-\Delta E}{k_B T}}$ 不一定成立，该情况下 $S_{i,j,k}$ 取向是否翻转是一个概率问题，其概率大小由 $e^{\frac{-\Delta E}{k_B T}}$ 的值决定，显然，温度 T 越高，翻转的概率越大，也就是说，翻转后体系总能量更高的情况下，磁矩也有翻转的可能，并且磁矩翻转的概率与温度 T 有关。

通过第(3)、(4)步的物理意义分析，蒙特卡洛方法计算居里温度的物理意义就很明确了，当磁性系统温度 T 低于居里温度时，磁矩是否翻转主要由能量差 ΔE 决定，磁矩翻转的结果是系统自发的形成铁磁态；当温度 T 高于居里温度时，磁矩是否翻转主要由温度 T 决定，因为无论 ΔE 取正还是取负，由于 T 足够高，$\frac{-\Delta E}{k_B T}$ 取值为 0 附近，即 $e^{\frac{-\Delta E}{k_B T}}$ 都很接近 1，因此翻转的概率

很大，表现为体系中磁矩无规律的自由翻转，因此该状态便是无序状态，即自旋玻璃态。总的来说，蒙特卡洛方法计算居里温度就是给磁性体系足够长的时间（足够长的蒙特卡洛步）和足够宽的温度范围 T，观察体系中磁矩分布规律随温度的变化情况，其磁矩分布由铁磁态到自旋玻璃态转变的温度就是居里温度。

对于 $Al_{14}Mn_2N_{16}$，计算出其 $J=9.445$ meV，$S_{i,j,k}=4.42$，采用蒙特卡洛方法，经历了 1×10^6 个蒙特卡洛步之后，得到了其 *M-T* 曲线，如图 3-18 所示，根据所得的 M-T 曲线可知，$Al_{14}Mn_2N_{16}$ 的居里温度为 502 K。

对比采用海森堡模型计算的居里温度 2 855 K，海森堡模型计算结果是蒙特卡洛方法计算结果的 5.687 倍。

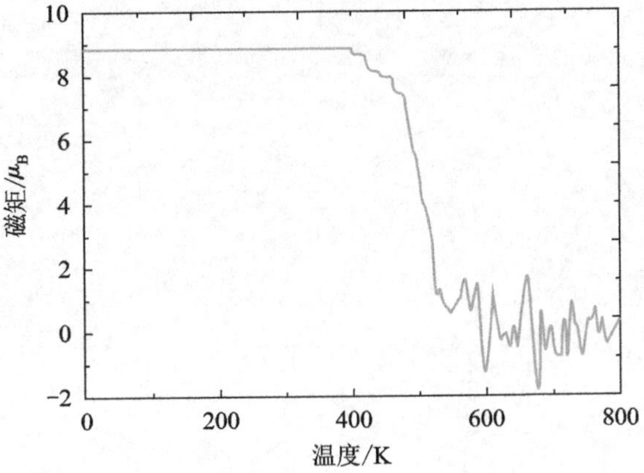

图 3-18　$Al_{14}Mn_2N_{16}$ 的 *M-T* 曲线

本章小结

基于第一性原理，利用 CASTEP 软件包，采用 GGA + *U* 方法，研究了 $Al_{14}Mn_2N_{16}$ 的晶格结构、力学性质和磁学性质，得到以下结果：

（1）$Al_{14}Mn_2N_{16}$ 的超晶胞具有 5 种构型，通过系统总能量分析发现：超晶胞中 Mn 原子趋于近距离掺杂，Mn 原子以原子链的掺杂方式存在，Mn 原子在 AlN 中表现出长程磁有序结构，对材料磁性的应用极其有利。

（2）$Al_{14}Mn_2N_{16}$ 的晶格常数比 $Al_{16}N_{16}$ 略大，在 *a*、*b*、*c* 方向各有 0.44%、2.07%、0.30% 的增加，形成的 Mn 原子链键长为 $l=0.308\ 6$ nm，键角 $\alpha=91.14°$。

（3）$Al_{14}Mn_2N_{16}$ 属于正交晶系，刚度常数满足力学稳定性判据，是力学稳定的。

（4）$Al_{14}Mn_2N_{16}$ 杨氏模量三维分布特性表现出各向异性；对 $Al_{14}Mn_2N_{16}$ 的四种各向异性指标分析得到体积模量各向异性很小（0.01%），剪切模量各向异性为 10.24%，杨氏模量各向异性为 39.74%，通用各向异性为 1.14，表明 $Al_{14}Mn_2N_{16}$ 具有一定的各向异性，其中杨氏模量各向异性很明显。$Al_{14}Mn_2N_{16}$ 维氏硬度为 13.934 GPa，延展性为 1.665，属于脆性材料，与 $Al_{16}N_{16}$ 相比，$Al_{14}Mn_2N_{16}$ 的延展性有所提高，因此掺杂后延展性的提高对器件的应用具有积极意义。

(5) $Al_{14}Mn_2N_{16}$ 具有半导体铁磁性，其带隙宽度为 3.426 eV，磁矩主要由 Mn 的 3d 电子贡献，Mn 原子磁矩为 4.42 μ_B，超晶胞总磁矩为 8.03 μ_B，其中两个 Mn 原子之间是铁磁性耦合，Al 原子与 Mn 原子也是铁磁性耦合，N 原子与 Mn 原子是反铁磁性耦合。

(6) 采用海森堡平均场模型计算 $Al_{14}Mn_2N_{16}$ 的居里温度为 2 855 K，采用蒙特卡洛方法计算 $Al_{14}Mn_2N_{16}$ 的居里温度为 502 K。

(7) 自旋玻璃态与反铁磁态有着本质的区别，无论是自旋磁矩的排列规律还是体系总能量都不一样，简单地用反铁磁态代替自旋玻璃态一定会引起误差。

第4章　单轴应变调控 $Al_{14}Mn_2N_{16}$ 的力学与磁学性质

第4章 彩图

第3章研究了 $Al_{14}Mn_2N_{16}$ 在无应变状态下的力学性质和磁学性质，研究发现 $Al_{14}Mn_2N_{16}$ 具有较好的力学性质和磁学性质，特别是其居里温度为502 K，高于室温，为应用材料的磁性提供了理论基础，因此对其进行进一步的研究具有实际意义，又因为应变是调控材料性质的有效方法，因此本章研究单轴应变对 $Al_{14}Mn_2N_{16}$ 力学性质和磁学性质的调控效应，期望通过对 $Al_{14}Mn_2N_{16}$ 预加应变改善其力学性质和磁学性质。

根据研究流程图（见图4-1），本章做如下研究工作：

（1）对 $Al_{14}Mn_2N_{16}$ 分别在 x 方向和 y 方向施加 $-8\%\sim8\%$ 的单轴应变。

（2）对有应变的 $Al_{14}Mn_2N_{16}$ 超晶胞进行几何优化，几何优化时仅优化原子位置，不优化超晶胞大小，这样的做法使得 $Al_{14}Mn_2N_{16}$ 超晶胞中的原子在应变状态下找到其能量最低的位置，即有应变作用下超晶胞的最稳定结构。

（3）几何优化完成后，计算施加了单轴应变后 $Al_{14}Mn_2N_{16}$ 的刚度常数，并根据力学稳定性判据来判定其稳定性，若不稳定则不再研究。

（4）对满足力学稳定性的超晶胞，继续研究其力学性质和磁学性质。

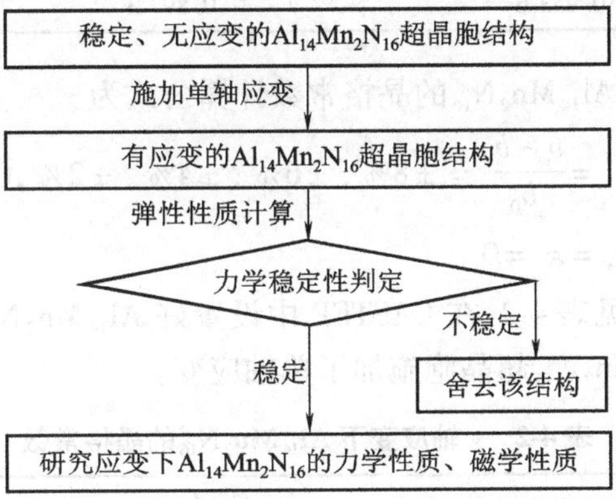

图4-1　本章流程图

4.1　单轴应变下 $Al_{14}Mn_2N_{16}$ 的晶格常数

根据材料力学理论，固体在 x 轴方向和 y 轴方向的线应变为

$$\begin{cases} \varepsilon_x = \dfrac{a - a_0}{a_0} \times 100\% \\ \varepsilon_y = \dfrac{b - b_0}{b_0} \times 100\% \end{cases} \tag{4-1}$$

其中 a、b 为施加应变后 $Al_{14}Mn_2N_{16}$ 的晶格常数，a_0、b_0 为无应变时 $Al_{14}Mn_2N_{16}$ 的晶格常数。

本章计算没有切应变，只有正应变的情况，即没有改变 $Al_{14}Mn_2N_{16}$ 超晶胞的正交结构。在 x 方向单轴应变下，$Al_{14}Mn_2N_{16}$ 的晶格常数计算公式为

$$\begin{cases} \varepsilon_x = \dfrac{a - a_0}{a_0} = \pm 8\%, \pm 6\%, \pm 4\%, \pm 2\%, 0\% \\ \varepsilon_y = \varepsilon_z = 0 \end{cases} \tag{4-2}$$

得到晶格常数 a、b、c，见表 4-1，在 CASTEP 中设置好 $Al_{14}Mn_2N_{16}$ 的晶格常数并保存，设置完毕后便在 x 方向对 $Al_{14}Mn_2N_{16}$ 超晶胞施加了单轴应变。

表 4-1　x 轴应变下 $Al_{14}Mn_2N_{16}$ 的晶格常数

ε/%	a/nm	b/nm	c/nm
-8	0.812 4	0.897 3	0.440 8
-6	0.830 0	0.897 3	0.440 8
-4	0.847 7	0.897 3	0.440 8
-2	0.865 3	0.897 3	0.440 8
0	0.883 0	0.897 3	0.440 8
2	0.900 6	0.897 3	0.440 8
4	0.918 3	0.897 3	0.440 8
6	0.936 0	0.897 3	0.440 8
8	0.953 6	0.897 3	0.440 8

在 y 方向单轴应变下，$Al_{14}Mn_2N_{16}$ 的晶格常数计算公式为

$$\begin{cases} \varepsilon_y = \dfrac{b - b_0}{b_0} = \pm 8\%, \pm 6\%, \pm 4\%, \pm 2\%, 0\% \\ \varepsilon_x = \varepsilon_z = 0 \end{cases} \tag{4-3}$$

得到晶格常数 a、b、c，见表 4-2，在 CASTEP 中设置好 $Al_{14}Mn_2N_{16}$ 的晶格常数并保存，设置完毕后便在 y 方向对 $Al_{14}Mn_2N_{16}$ 超晶胞施加了单轴应变。

表 4-2　y 轴应变下 $Al_{14}Mn_2N_{16}$ 的晶格常数

ε/%	a/nm	b/nm	c/nm
-8	0.883 0	0.825 5	0.440 8
-6	0.883 0	0.843 4	0.440 8
-4	0.883 0	0.861 4	0.440 8
-2	0.883 0	0.879 3	0.440 8
0	0.883 0	0.897 3	0.440 8
2	0.883 0	0.915 2	0.440 8
4	0.883 0	0.933 2	0.440 8
6	0.883 0	0.951 1	0.440 8
8	0.883 0	0.969 1	0.440 8

$Al_{14}Mn_2N_{16}$ 超晶胞在 x 方向和 y 方向分别施加单轴应变后，对其进行几何优化，几何优化时仅优化原子位置，不优化晶格大小，从而优化成功后的超晶胞既保持了其单轴应变，也使得超晶胞中的原子找到了其能量最低的位置，即得到了 $Al_{14}Mn_2N_{16}$ 超晶胞在单轴应变状态下的稳定晶体结构。

4.2　单轴应变下 $Al_{14}Mn_2N_{16}$ 的力学性质

4.2.1　刚度常数与力学稳定性

对超晶胞施加应变后，晶体已经产生形变，虽然通过几何优化找到了其能量最低结构，但是该结构是否能够稳定存在，需要用力学稳定性判据进行验证，因此计算了单轴应变下 $Al_{14}Mn_2N_{16}$ 的刚度常数，见表 4-3、表 4-4。

表 4-3　x 轴应变下 $Al_{14}Mn_2N_{16}$ 的刚度常数/GPa

ε/%	C_{11}	C_{12}	C_{13}	C_{22}	C_{23}	C_{33}	C_{44}	C_{55}	C_{66}
-8	250.01	209.08	225.51	371.35	170.58	352.74	143.80	183.64	167.57
-6	249.72	188.63	203.3	343.32	160.01	323.88	147.86	178.78	164.57
-4	252.47	169.27	182.28	317.07	150.11	297.81	150.94	174.33	160.71
-2	253.81	150.56	162.63	293.60	141.75	275.17	152.34	168.17	157.14
0	253.89	132.48	143.28	272.34	134.46	253.76	151.48	161.77	152.20
2	253.99	114.83	124.62	253.46	127.16	235.11	150.54	155.26	147.44
4	252.49	98.05	107.04	235.63	121.2	218.57	148.44	147.70	141.31
6	250.23	82.30	89.76	220.24	115.74	202.68	146.52	140.02	135.24
8	247.01	67.20	73.96	205.21	110.27	188.67	142.96	132.30	128.67

表 4-4　y 轴应变下 $Al_{14}Mn_2N_{16}$ 的刚度常数/GPa

ε/%	C_{11}	C_{12}	C_{13}	C_{22}	C_{23}	C_{33}	C_{44}	C_{55}	C_{66}
-8	348.14	213.39	179.46	268.34	217.7	349.99	165.9	153.8	166.57
-6	322.21	192.54	169.43	270.82	195.75	322.14	162.95	158.02	164.37
-4	296.30	171.38	159.35	272.43	174.30	297.02	160.4	160.02	160.9
-2	274.18	151.49	150.64	272.8	153.43	274.62	158.28	161.72	157.49
0	253.89	132.48	143.28	272.34	134.46	253.76	151.48	161.77	152.20
2	235.73	113.73	135.97	270.99	115.07	235.24	146.16	161.42	147.48
4	219.32	96.20	129.88	269.11	97.55	219.27	140.93	160.15	141.88
6	204.98	79.65	124.56	265.22	80.64	204.44	134.80	157.82	135.80
8	191.64	63.87	119.53	260.82	64.72	191.04	128.34	155.34	129.02

由计算的刚度常数表 4-3、表 4-4 可知，在所加单轴应变范围内 $Al_{14}Mn_2N_{16}$ 均属于正交晶系，因此根据正交晶系的力学稳定性判据式(4-4)，逐一验证单轴应变状态下 $Al_{14}Mn_2N_{16}$ 的力学稳定性，得到了 $Al_{14}Mn_2N_{16}$ 超晶胞在单轴应变作用下是力学稳定的，也说明 $Al_{14}Mn_2N_{16}$ 可以承受 -8%~8% 的单轴应变，可以进一步研究单轴应变下 $Al_{14}Mn_2N_{16}$ 的其他性质。

$$
\begin{cases}
C_{ii} > 0 \\
C_{11} + C_{22} - 2C_{12} > 0 \\
C_{11} + C_{33} - 2C_{13} > 0 \\
C_{22} + C_{33} - 2C_{23} > 0 \\
C_{11} + C_{22} + C_{33} + 2(C_{12} + C_{13} + C_{23}) > 0
\end{cases}
\tag{4-4}
$$

图 4-2 为单轴应变作用下 $Al_{14}Mn_2N_{16}$ 超晶胞的刚度常数变化图，图 4-2(a)显示，在 x 轴应变下，C_{11} 很稳定，C_{22} 和 C_{33} 变化很明显；图 4-2(b)显示，在 y 轴应变下，C_{22} 很稳定，C_{11} 和 C_{33} 变化很明显。综合结论说明施加应变的方向主刚度常数很稳定。

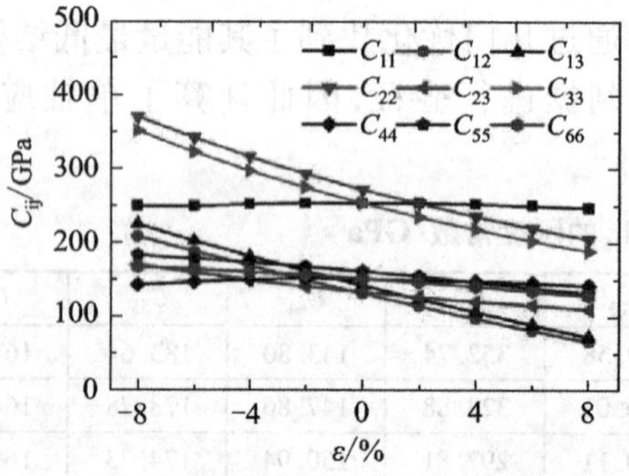

(a) x 轴应变下 $Al_{14}Mn_2N_{16}$ 的刚度常数

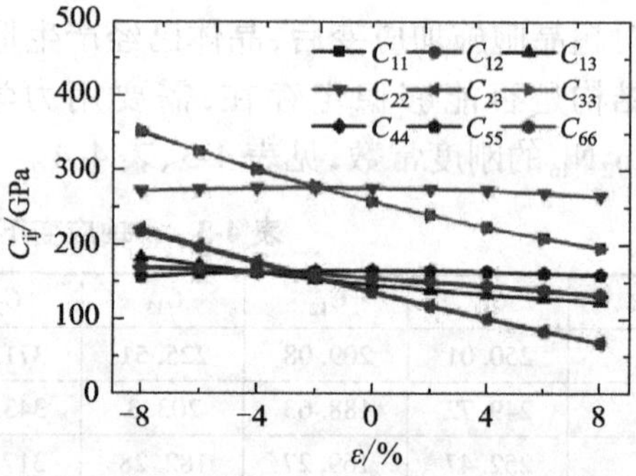

(b) y 轴应变下 $Al_{14}Mn_2N_{16}$ 的刚度常数

图 4-2 单轴应变下 $Al_{14}Mn_2N_{16}$ 的刚度常数

4.2.2 应力-应变曲线与应变能

应力-应变曲线是描述固体形变过程中应力与应变变化规律的重要特征，因此计算了单轴应变作用下 $Al_{14}Mn_2N_{16}$ 的应力-应变曲线。

根据胡克定律的张量形式可以推导出单轴应变下 $Al_{14}Mn_2N_{16}$ 的应力-应变曲线。胡克定律的张量形式见式(4-5)

$$
\begin{pmatrix} X_1 \\ X_2 \\ X_3 \\ X_4 \\ X_5 \\ X_6 \end{pmatrix} =
\begin{pmatrix}
C_{11} & C_{12} & C_{13} & C_{14} & C_{15} & C_{16} \\
C_{12} & C_{22} & C_{23} & C_{24} & C_{25} & C_{26} \\
C_{13} & C_{23} & C_{33} & C_{34} & C_{35} & C_{36} \\
C_{14} & C_{24} & C_{34} & C_{44} & C_{45} & C_{46} \\
C_{15} & C_{25} & C_{35} & C_{45} & C_{55} & C_{56} \\
C_{16} & C_{26} & C_{36} & C_{46} & C_{56} & C_{66}
\end{pmatrix}
\begin{pmatrix} x_1 \\ x_2 \\ x_3 \\ x_4 \\ x_5 \\ x_6 \end{pmatrix}
\tag{4-5}
$$

其中

$$(X_1, X_2, X_3, X_4, X_5, X_6)^{\mathrm{T}} \tag{4-6}$$

为应力向量，

$$(x_1, x_2, x_3, x_4, x_5, x_6)^{\mathrm{T}} \tag{4-7}$$

为应变向量。

将胡克定律的张量形式写成差量形式，见式(4-8)。根据应变、刚度常数和初始应力，即可计算出产生应变需要的应力。拉伸时计算应力需要从无应变处开始计算，同理压缩时计算应力也需要从无应变处开始计算。

$$\begin{pmatrix} X_1 \\ X_2 \\ X_3 \\ X_4 \\ X_5 \\ X_6 \end{pmatrix}_i - \begin{pmatrix} X_1 \\ X_2 \\ X_3 \\ X_4 \\ X_5 \\ X_6 \end{pmatrix}_{i-1} = \begin{pmatrix} C_{11} & C_{12} & C_{13} & C_{14} & C_{15} & C_{16} \\ C_{12} & C_{22} & C_{23} & C_{24} & C_{25} & C_{26} \\ C_{13} & C_{23} & C_{33} & C_{34} & C_{35} & C_{36} \\ C_{14} & C_{24} & C_{34} & C_{44} & C_{45} & C_{46} \\ C_{15} & C_{25} & C_{35} & C_{45} & C_{55} & C_{56} \\ C_{16} & C_{26} & C_{36} & C_{46} & C_{56} & C_{66} \end{pmatrix} \left(\begin{pmatrix} x_1 \\ x_2 \\ x_3 \\ x_4 \\ x_5 \\ x_6 \end{pmatrix}_i - \begin{pmatrix} x_1 \\ x_2 \\ x_3 \\ x_4 \\ x_5 \\ x_6 \end{pmatrix}_{i-1} \right) \tag{4-8}$$

x 轴拉伸时

$$\Delta\boldsymbol{\varepsilon} = (x_1, x_2, x_3, x_4, x_5, x_6)_i^{\mathrm{T}} - (x_1, x_2, x_3, x_4, x_5, x_6)_{i-1}^{\mathrm{T}} = (2\%, 0, 0, 0, 0, 0)^{\mathrm{T}} \tag{4-9}$$

x 轴压缩时

$$\Delta\boldsymbol{\varepsilon} = (x_1, x_2, x_3, x_4, x_5, x_6)_i^{\mathrm{T}} - (x_1, x_2, x_3, x_4, x_5, x_6)_{i-1}^{\mathrm{T}} = (-2\%, 0, 0, 0, 0, 0)^{\mathrm{T}} \tag{4-10}$$

将式(4-9)代入式(4-8)可得到 x 轴拉伸时 $Al_{14}Mn_2N_{16}$ 的应力计算公式(4-11)。

$$\begin{pmatrix} X_1 \\ X_2 \\ X_3 \\ 0 \\ 0 \\ 0 \end{pmatrix}_i - \begin{pmatrix} X_1 \\ X_2 \\ X_3 \\ 0 \\ 0 \\ 0 \end{pmatrix}_{i-1} = \begin{pmatrix} C_{11} & C_{12} & C_{13} & 0 & 0 & 0 \\ C_{12} & C_{22} & C_{23} & 0 & 0 & 0 \\ C_{13} & C_{23} & C_{33} & 0 & 0 & 0 \\ 0 & 0 & 0 & C_{44} & 0 & 0 \\ 0 & 0 & 0 & 0 & C_{55} & 0 \\ 0 & 0 & 0 & 0 & 0 & C_{66} \end{pmatrix} \left(\begin{pmatrix} 0.02 \\ 0 \\ 0 \\ 0 \\ 0 \\ 0 \end{pmatrix}_i \right) \tag{4-11}$$

将式(4-10)代入式(4-8)可得到 x 轴压缩时 $Al_{14}Mn_2N_{16}$ 的应力计算公式(4-12)。

$$\begin{pmatrix} X_1 \\ X_2 \\ X_3 \\ 0 \\ 0 \\ 0 \end{pmatrix}_i - \begin{pmatrix} X_1 \\ X_2 \\ X_3 \\ 0 \\ 0 \\ 0 \end{pmatrix}_{i-1} = \begin{pmatrix} C_{11} & C_{12} & C_{13} & 0 & 0 & 0 \\ C_{12} & C_{22} & C_{23} & 0 & 0 & 0 \\ C_{13} & C_{23} & C_{33} & 0 & 0 & 0 \\ 0 & 0 & 0 & C_{44} & 0 & 0 \\ 0 & 0 & 0 & 0 & C_{55} & 0 \\ 0 & 0 & 0 & 0 & 0 & C_{66} \end{pmatrix} \left(\begin{pmatrix} -0.02 \\ 0 \\ 0 \\ 0 \\ 0 \\ 0 \end{pmatrix}_i \right) \tag{4-12}$$

y 轴拉伸时

$$\Delta\boldsymbol{\varepsilon} = (x_1, x_2, x_3, x_4, x_5, x_6)_i^{\mathrm{T}} - (x_1, x_2, x_3, x_4, x_5, x_6)_{i-1}^{\mathrm{T}} = (0, 2\%, 0, 0, 0, 0)^{\mathrm{T}} \tag{4-13}$$

y 轴压缩时

$$\Delta\boldsymbol{\varepsilon} = (x_1, x_2, x_3, x_4, x_5, x_6)_i^{\mathrm{T}} - (x_1, x_2, x_3, x_4, x_5, x_6)_{i-1}^{\mathrm{T}} = (0, -2\%, 0, 0, 0, 0)^{\mathrm{T}} \tag{4-14}$$

将式(4-13)代入式(4-8)可得到 y 轴拉伸时 $Al_{14}Mn_2N_{16}$ 的应力计算公式(4-15)。

$$\begin{pmatrix} X_1 \\ X_2 \\ X_3 \\ 0 \\ 0 \\ 0 \end{pmatrix}_i - \begin{pmatrix} X_1 \\ X_2 \\ X_3 \\ 0 \\ 0 \\ 0 \end{pmatrix}_{i-1} = \begin{pmatrix} C_{11} & C_{12} & C_{13} & 0 & 0 & 0 \\ C_{12} & C_{22} & C_{23} & 0 & 0 & 0 \\ C_{13} & C_{23} & C_{33} & 0 & 0 & 0 \\ 0 & 0 & 0 & C_{44} & 0 & 0 \\ 0 & 0 & 0 & 0 & C_{55} & 0 \\ 0 & 0 & 0 & 0 & 0 & C_{66} \end{pmatrix} \left(\begin{pmatrix} 0 \\ 0.02 \\ 0 \\ 0 \\ 0 \\ 0 \end{pmatrix}_i \right) \tag{4-15}$$

将式(4-14)代入式(4-8)可得到 y 轴压缩时 $Al_{14}Mn_2N_{16}$ 的应力计算公式(4-16)。

$$\begin{pmatrix} X_1 \\ X_2 \\ X_3 \\ 0 \\ 0 \\ 0 \end{pmatrix}_i - \begin{pmatrix} X_1 \\ X_2 \\ X_3 \\ 0 \\ 0 \\ 0 \end{pmatrix}_{i-1} = \begin{pmatrix} C_{11} & C_{12} & C_{13} & 0 & 0 & 0 \\ C_{12} & C_{22} & C_{23} & 0 & 0 & 0 \\ C_{13} & C_{23} & C_{33} & 0 & 0 & 0 \\ 0 & 0 & 0 & C_{44} & 0 & 0 \\ 0 & 0 & 0 & 0 & C_{55} & 0 \\ 0 & 0 & 0 & 0 & 0 & C_{66} \end{pmatrix} \left(\begin{pmatrix} 0 \\ -0.02 \\ 0 \\ 0 \\ 0 \\ 0 \end{pmatrix}_i \right) \tag{4-16}$$

根据式(4-11)、式(4-12)以及式(4-15)、式(4-16)计算出单轴应变下 $Al_{14}Mn_2N_{16}$ 的应力-应变曲线如图 4-3 所示。

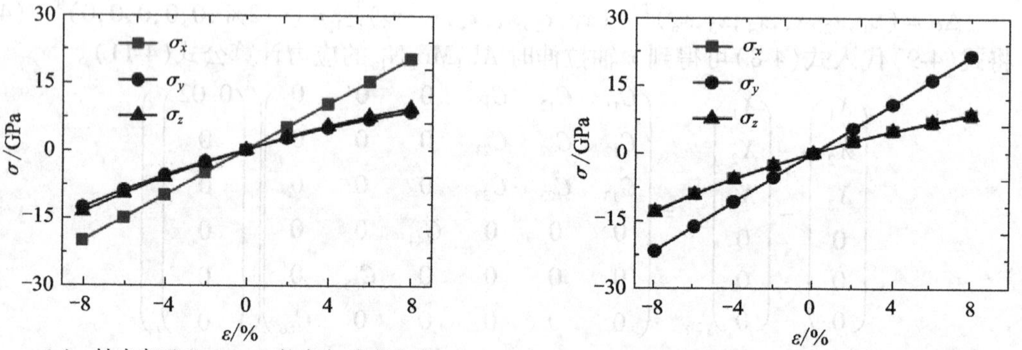

(a) x轴应变下$Al_{14}Mn_2N_{16}$的应力-应变曲线 (b) y轴应变下$Al_{14}Mn_2N_{16}$的应力-应变曲线

图 4-3 单轴应变下 $Al_{14}Mn_2N_{16}$ 的应力-应变曲线

由图 4-3(a)可知,x 方向单轴应变下,x 方向的应力最大,σ_x-ε 曲线表现出很好的线性关系,y 方向和 z 方向应力较小,σ_y-ε 曲线与 σ_z-ε 曲线有轻微的非线性现象,虽然不是标准的线性关系,但是也表现出较好的弹性关系;y 方向单轴应变下,y 方向的应力最大,σ_y-ε 曲线表现出很好的线性关系,x 方向和 z 方向应力较小,σ_x-ε 曲线与 σ_z-ε 曲线有轻微的非线性现象,虽然不是标准的线性关系,但是也表现出较好的弹性关系。通过对应力-应变曲线的分析,可以看出在哪个方向施加应变,哪个方向所需的应力就最大,同时也可以明显地看到,在 $-8\%\sim8\%$ 的单轴应变范围,$Al_{14}Mn_2N_{16}$超晶胞保持了很好的弹性状态,没有出现显著的屈服行为。

按照材料力学和弹性力学的理论,x 方向拉伸时,y 方向和 z 方向是无应力状态,因此 y 方向和 z 方向会缩短,这样的变形叫作单向应力状态。而在 CASTEP 的计算中,本文设定了 x 单轴应变时其他两个方向晶格常数不变化,因此,为了保证 y 方向和 z 方向晶格常数不变化,一定会存在应力使得该方向的晶格常数不会变化,这样的状态叫作单向应变状态。因此单轴应变时,由于其他两个方向无应变,为了保持其他两个方向的晶格常数不变化,导致其他两个方向有应力的存在。即单向应力状态时,其他两个方向存在应变;单向应变时,其他两个方向存在应力。

应变能是弹性体在受力后发生变形的同时,在其内部积蓄的一种能量,使弹性体具有做功的本领,如果不考虑能量损失,积蓄在弹性体内的应变能在数值上等于外力所做的功。根据弹性力学，应变能密度可用式(4-17)计算。

$$E_{\text{strain}} = \int_0^{\varepsilon_x} \sigma_x \mathrm{d}\varepsilon_x + \int_0^{\varepsilon_y} \sigma_y \mathrm{d}\varepsilon_y + \int_0^{\varepsilon_z} \sigma_z \mathrm{d}\varepsilon_z \tag{4-17}$$

x 单轴应变下，ε_y 与 ε_z 均为零，因此 x 轴应变时，应变能密度为

$$E_{\text{strain}} = \int_0^{\varepsilon_x} \sigma_x \mathrm{d}\varepsilon_x \tag{4-18}$$

y 单轴应变下，ε_x 与 ε_z 均为零，因此 y 轴应变时，应变能密度为

$$E_{\text{strain}} = \int_0^{\varepsilon_y} \sigma_y \mathrm{d}\varepsilon_y \tag{4-19}$$

应变能密度对体积积分便得到应变能。

第一性原理可以在每一次施加应变后计算出该应变下体系的总能量，应变能就等于有应变时的体系总能量减去无应变时的体系总能量。计算出单轴应变时的体系总能量与应变能见表 4-5，应变能的变化规律如图 4-4 所示。

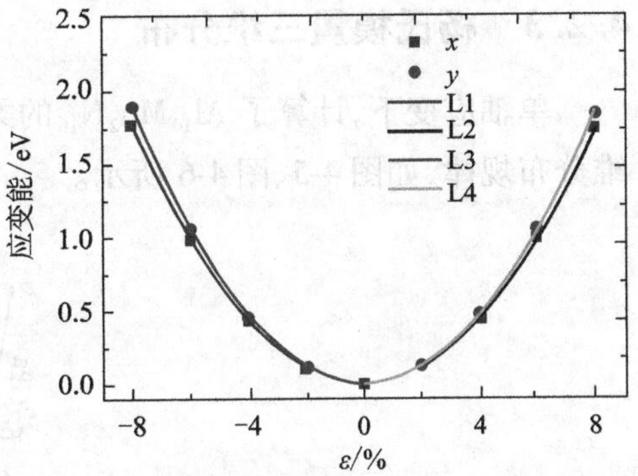

图 4-4　单轴应变下 $Al_{14}Mn_2N_{16}$ 的应变能曲线

表 4-5　单轴应变下 $Al_{14}Mn_2N_{16}$ 超晶胞的总能量与应变能/eV

ε/%	x 方向应变		y 方向应变	
	总能量	应变能	总能量	应变能
−8	−6 468.210 8	1.764 0	−6 468.078 1	1.896 7
−6	−6 468.991 4	0.983 4	−6 468.920 2	1.054 6
−4	−6 469.544 4	0.430 4	−6 469.514 2	0.460 5
−2	−6 469.871 1	0.103 7	−6 469.864 3	0.110 5
0	−6 469.974 8	0.000 0	−6 469.974 8	0.000 0
2	−6 469.859 4	0.115 4	−6 469.851 2	0.123 4
4	−6 469.529 0	0.445 8	−6 469.499 9	0.474 9
6	−6 468.989 1	0.985 6	−6 468.925 8	1.049 0
8	−6 468.244 1	1.730 6	−6 468.137 2	1.837 6

由图 4-4 可知，y 轴应变下的应变能大于 x 轴应变下的应变能，说明在 y 方向更难产生形变。同时应变能曲线表现出很好的二次函数特性，再次说明在所加的应变范围内 $Al_{14}Mn_2N_{16}$ 均属于弹性变形。对图 4-4 中的四条曲线分别做二次函数拟合：

x 轴压应变下拟合的二次函数曲线

$$E_{\text{strain}-1} = 0.027\ 472\varepsilon_x^2 \tag{4-20}$$

x 轴拉应变下拟合的二次函数曲线

$$E_{\text{strain}-2} = 0.027\ 161\varepsilon_x^2 \tag{4-21}$$

y 轴压应变下拟合的二次函数曲线

$$E_{\text{strain}-3} = 0.029\ 514\varepsilon_y^2 \tag{4-22}$$

y 轴拉应变下拟合的二次函数曲线

$$E_{\text{strain}-4}=0.028\,860\varepsilon_y^2 \tag{4-23}$$

式(4-20)、式(4-21)说明 x 方向压应变的应变能大于拉应变时的应变能，式(4-22)、式(4-23)说明 y 方向压应变的应变能大于拉应变的应变能。因此无论是 x 方向形变还是 y 方向形变，压缩总是比拉伸困难，需要更大的应变能，即需要做更多的功。

4.2.3　杨氏模量三维分布

单轴应变下，计算了 $Al_{14}Mn_2N_{16}$ 的柔度常数，根据式(3-4)计算单轴应变时杨氏模量的三维分布规律，如图 4-5、图 4-6 所示。

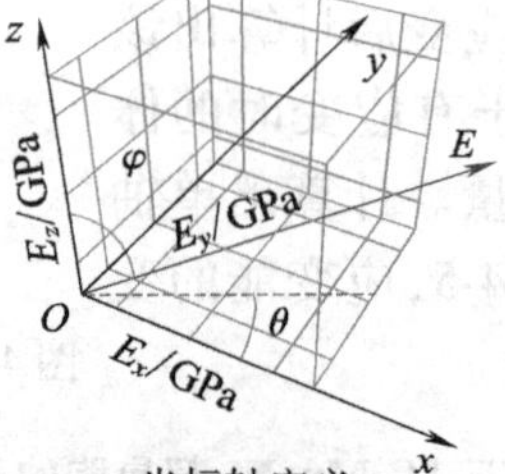

坐标轴定义

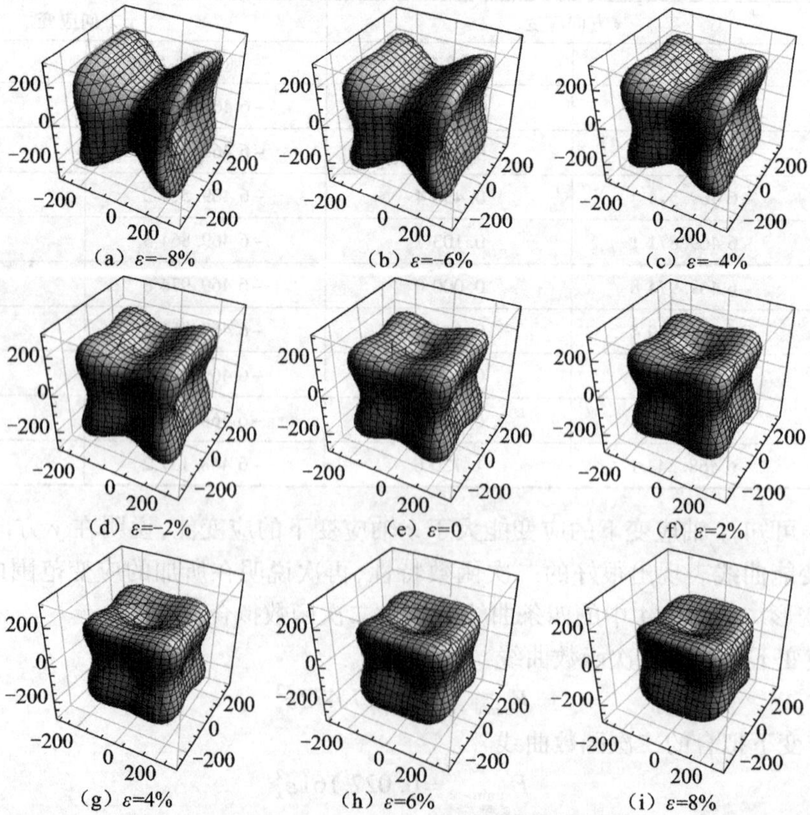

(a) $\varepsilon=-8\%$　(b) $\varepsilon=-6\%$　(c) $\varepsilon=-4\%$

(d) $\varepsilon=-2\%$　(e) $\varepsilon=0$　(f) $\varepsilon=2\%$

(g) $\varepsilon=4\%$　(h) $\varepsilon=6\%$　(i) $\varepsilon=8\%$

图 4-5　x 轴应变下 $Al_{14}Mn_2N_{16}$ 的杨氏模量

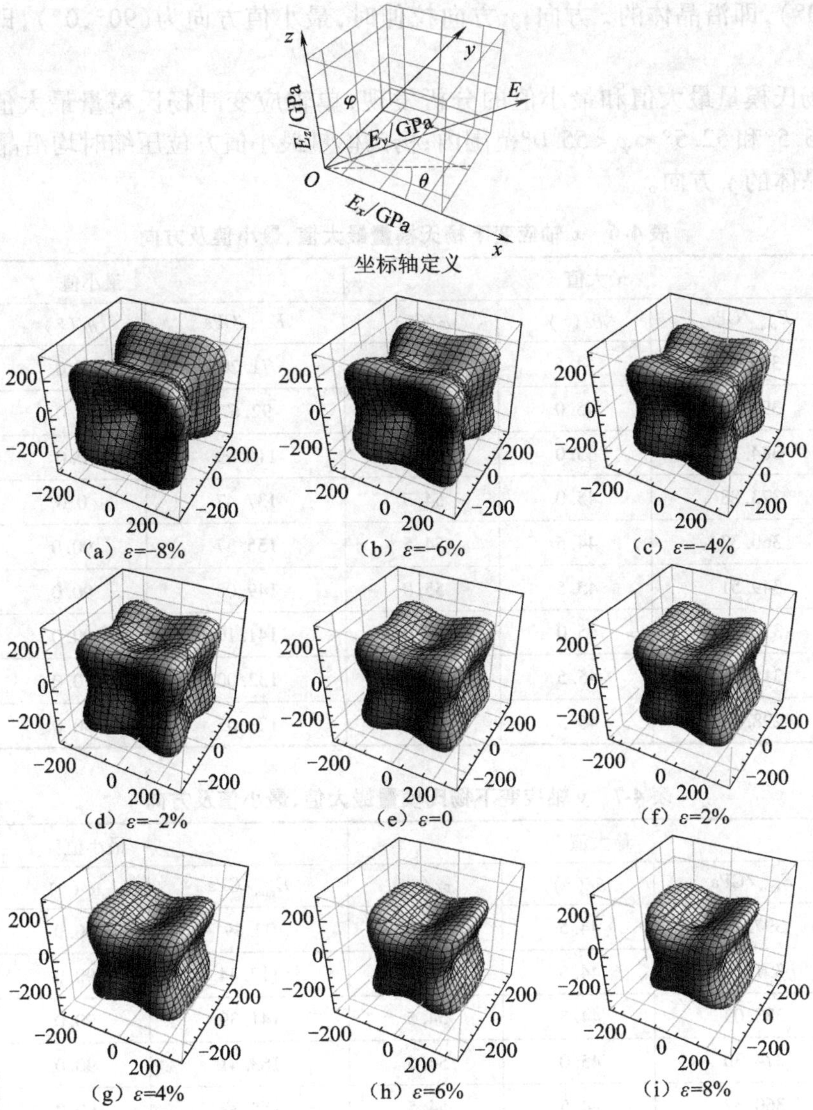

坐标轴定义

(a) ε=-8%　(b) ε=-6%　(c) ε=-4%

(d) ε=-2%　(e) ε=0　(f) ε=2%

(g) ε=4%　(h) ε=6%　(i) ε=8%

图 4-6　y 轴应变下 $Al_{14}Mn_2N_{16}$ 的杨氏模量

表 4-6 列出了 x 方向单轴应变作用下杨氏模量的最大值、最小值及其方向，表 4-7 列出了 y 方向单轴应变作用下杨氏模量的最大值、最小值及其方向。

杨氏模量的最大值分析：由表 4-6、表 4-7 可知，压缩时，杨氏模量的最大值逐渐变大；拉伸时，杨氏模量的最大值逐渐变小；x 方向应变时，杨氏模量最大值方位(θ,φ)集中在 $44.5°<\theta<46.5°$和 $52.5°<\varphi<55.0°$范围内；y 方向应变时，杨氏模量最大值方位(θ,φ)集中在 $38.5°<\theta<45.0°$和 $52.5°<\varphi<54.5°$范围内。

杨氏模量的最小值分析：由表 4-6、表 4-7 可知，压缩时，杨氏模量的最小值逐渐变小；拉伸时，杨氏模量的最小值也是逐渐变小；x 方向压缩时，最小值方向为(0°,90°)，即沿晶体的 z 方向；x 方向拉伸时，最小值方向为(90°,0°)，即沿晶体的 y 方向；y 方向压缩时，最小值方向为(90°,90°),即沿晶体的 z 方向;y 方向拉伸时,最小值方向为(90°,0°),即沿着晶体的 y 方向。

通过对杨氏模量最大值和最小值的分析发现,单轴应变时杨氏模量最大值方位集中在 $38.5° < \theta < 46.5°$ 和 $52.5° < \varphi < 55.0°$ 范围内;杨氏模量最小值方位压缩时均沿晶体的 z 方向,拉伸时均沿晶体的 y 方向。

表 4-6 x 轴应变下杨氏模量最大值、最小值及方向

ε/%	最大值			最小值		
	E_{max}/GPa	θ/(°)	φ/(°)	E_{min}/GPa	θ/(°)	φ/(°)
-8	399.63	44.5	52.5	71.20	0.0	90.0
-6	392.89	45.0	53.5	92.67	0.0	90.0
-4	384.58	45.0	54.0	116.09	0.0	90.0
-2	373.88	45.0	54.5	137.47	0.0	90.0
0	360.32	44.5	54.5	155.37	90.0	0.0
2	349.51	45.5	55.0	149.08	90.0	0.0
4	330.78	45.0	55.0	141.10	90.0	0.0
6	315.00	45.5	55.0	132.00	90.0	0.0
8	298.14	46.5	54.5	123.05	90.0	0.0

表 4-7 y 轴应变下杨氏模量最大值、最小值及方向

ε/%	最大值			最小值		
	E_{max}/GPa	θ/(°)	φ/(°)	E_{min}/GPa	θ/(°)	φ/(°)
-8	397.15	44.5	54.0	92.49	90.0	90.0
-6	391.58	44.5	54.5	117.44	90.0	90.0
-4	383.03	44.5	54.5	141.39	90.0	90.0
-2	374.30	45.0	54.5	163.41	90.0	90.0
0	360.32	44.5	54.5	155.37	90.0	0.0
2	347.03	44.5	54.5	145.49	90.0	0.0
4	333.00	43.5	54.0	135.10	90.0	0.0
6	317.80	42.0	53.5	124.31	90.0	0.0
8	302.54	38.5	52.0	113.89	90.0	0.0

4.2.4 各向异性

由图 4-5、表 4-6 可知,杨氏模量是各向异性的,并且各向异性随应变变化。本节将根据各向异性的定义,分别计算四种各向异性因子的具体数值变化,定量讨论各向异性的变化规律。根据 B_V、B_R、G_V 和 G_R 的定义分别计算出体积模量和剪切模量的最大值和最小值,见表 4-8、表 4-9。杨氏模量的最大值 E_V 和最小值 E_R 与表 4-6、表 4-7 中的 E_{max} 和 E_{min} 一致。根据各向异性因子的定义式(3-19)以及计算的 B_V、B_R、G_V、G_R、E_V 和 E_R，计算了单轴应变下 $Al_{14}Mn_2N_{16}$ 的体积模量各向异性、剪切模量各向异性、杨氏模量各向异性和通用各向异性，如图 4-7 所示。

表 4-8　x 轴应变下 $Al_{14}Mn_2N_{16}$ 的 B_V、B_R、G_V、G_R、E_V 和 E_R/GPa

ε/%	B_V	B_R	G_V	G_R	E_V	E_R
-8	242.72	236.81	123.60	74.10	399.63	71.20
-6	224.54	222.08	122.57	83.85	392.89	92.67
-4	207.86	207.12	121.58	90.97	384.58	116.09
-2	192.50	192.31	120.04	94.72	373.88	137.47
0	177.83	177.78	117.74	95.86	360.32	155.37
2	163.98	163.94	115.71	95.83	349.51	149.08
4	151.03	150.97	112.85	93.93	330.78	141.10
6	138.75	138.64	110.04	91.12	315.00	132.00
8	127.08	126.96	106.75	87.48	298.14	123.05

表 4-9　y 轴应变下 $Al_{14}Mn_2N_{16}$ 的 B_V、B_R、G_V、G_R、E_V 和 E_R/GPa

ε/%	B_V	B_R	G_V	G_R	E_V	E_R
-8	243.06	240.86	120.98	83.11	397.15	92.49
-6	225.62	225.00	120.90	90.76	391.58	117.44
-4	208.42	208.34	120.31	94.94	383.03	141.39
-2	192.52	192.52	119.9	96.82	374.30	163.41
0	177.83	177.78	117.74	95.86	360.32	155.37
2	163.50	163.40	116.16	94.18	347.03	145.49
4	150.55	150.42	114.20	91.29	333.00	135.10
6	138.26	138.15	111.67	87.40	317.80	124.31
8	126.64	126.56	108.9	82.96	302.54	113.89

体积模量各向异性因子分析：拉伸时体积模量各向异性几乎为零，压缩时体积模量各向异性逐渐增加。但是总体来说，体积模量各向异性都不大，最大值不超过 1.5%，因此体积模量几乎是各向同性的。

剪切模量各向异性因子分析：x 方向，拉伸时剪切模量各向异性减小，压缩时剪切模量各向异性增加；y 方向拉伸和压缩均使得剪切模量各向异性增加，但压缩时各向异性增加较快。剪切模量表现出很明显的各向异性。

杨氏模量各向异性因子分析：x 方向，拉伸时杨氏模量各向异性有微小增加，增幅不超过 2%，基本属于不变化，压缩时杨氏模量各向异性线性增加，压缩到 -8% 时，杨氏模量各向异性为 69.8%；y 方向，拉伸时杨氏模量各向异性缓慢增加，拉伸到 8% 时，各向异性为 45.30%，压缩时各向异性先减小后快速增加，压缩到 -2% 时，各向异性达到最小值 39.22%，压缩到 -8% 时，各向异性达到 62.22%。杨氏模量表现出很明显的各向异性，应变的作用使得各向异性变得更明显。

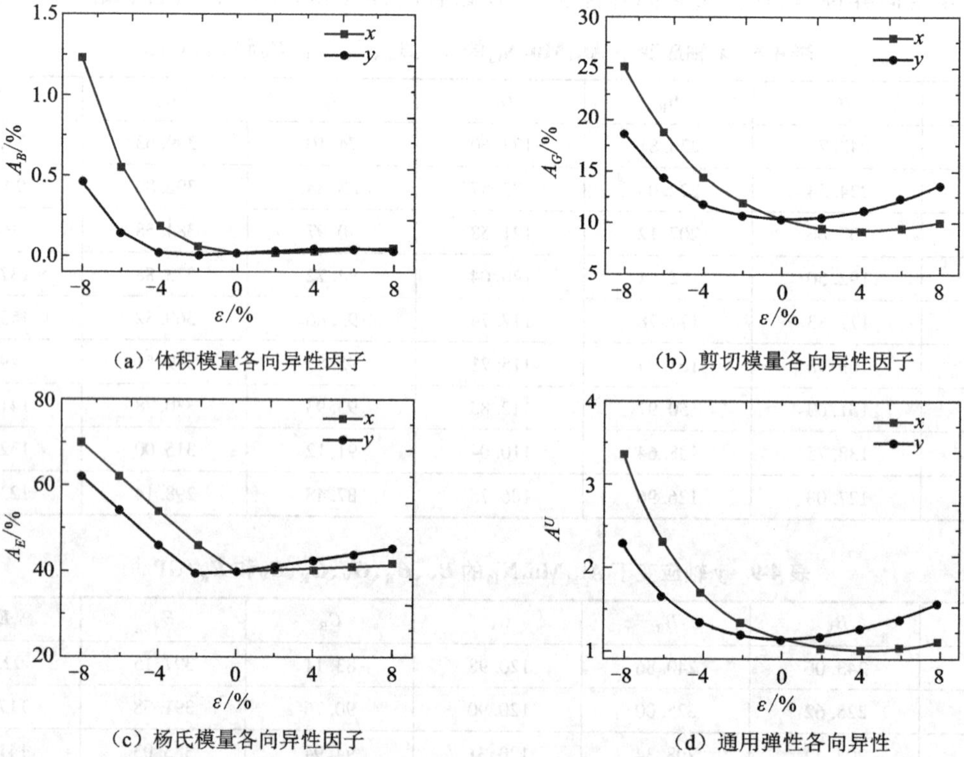

图 4-7 单轴应变下 $Al_{14}Mn_2N_{16}$ 的各向异性因子

通用各向异性因子分析：x 方向，压缩时通用各向异性明显增加，拉伸时通用各向异性逐渐减小；y 方向压缩和拉伸时，通用各向异性均增加，但是压缩时增加较快。

综合考虑体积模量各向异性、剪切模量各向异性、杨氏模量各向异性和通用各向异性，总体来说，压缩时，$Al_{14}Mn_2N_{16}$ 表现出很强的各向异性，特别是在 x 方向压缩时，各向异性增加的更多，表现出更强的各向异性。

4.2.5 多晶体的弹性模量

计算了 $Al_{14}Mn_2N_{16}$ 多晶体在单轴应变下的弹性模量，如图 4-8 所示。

体积模量分析：越压缩，体积模量越大；越拉伸，体积模量越小；体积模量随应变的变化几乎呈直线下降关系。

剪切模量分析：越拉伸，剪切模量越小；压缩时，剪切模量先增加，当压应变达到 −2% 时，剪切模量达到最大值，继续压缩时，剪切模量逐渐减小。

杨氏模量分析：拉伸时，杨氏模量逐渐减小；压缩时，杨氏模量先增加后减小；压应变为 −6% 时，杨氏模量达到最大值。

泊松比分析：拉伸时，泊松比逐渐减小；压缩时，泊松比逐渐增加；泊松比与应变几乎呈直线减小的规律。

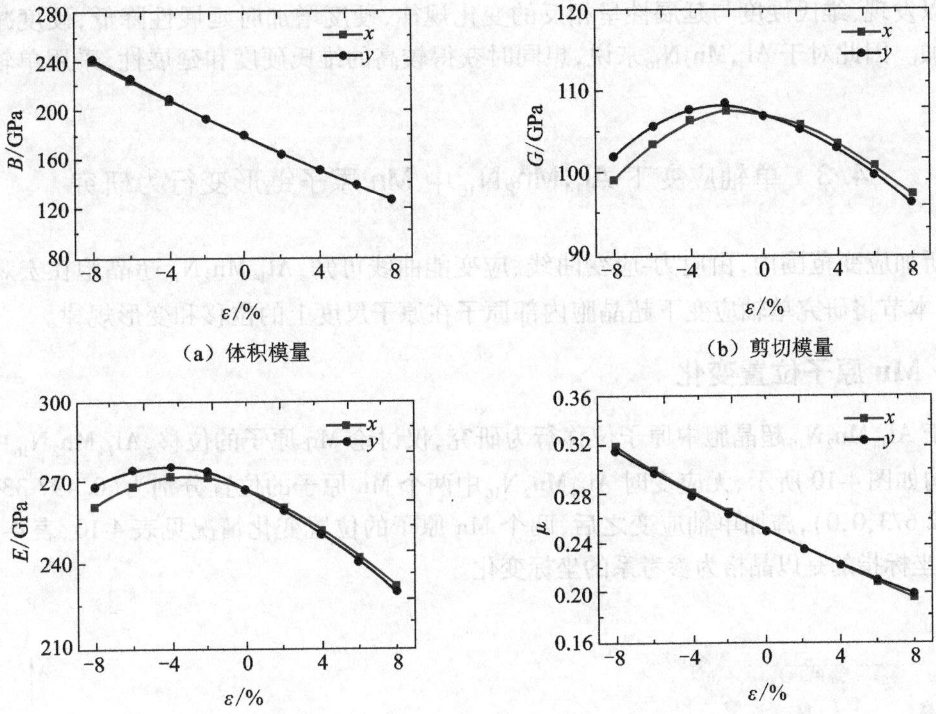

（a）体积模量　　（b）剪切模量

（c）杨氏模量　　（d）泊松比

图 4-8　单轴应变下 $Al_{14}Mn_2N_{16}$ 的 B、G、E 和 μ

4.2.6　硬度与延展性

计算了 $Al_{14}Mn_2N_{16}$ 在单轴应变下的维氏硬度与延展性，如图 4-9 所示。

维氏硬度分析：如图 4-9(a)所示，压缩时，维氏硬度逐渐减小；拉伸时，维氏硬度逐渐增加。

延展性分析：如图 4-9(b)所示，压缩时，延展性逐渐增加；拉伸时，延展性逐渐减小，按照 Pugh 理论，当延展性大于 1.75 时，材料表现出延展性，小于 1.75 时，材料表现出脆性。由图可知，当压缩到 −2% 之后，材料表现出很好的延展性。

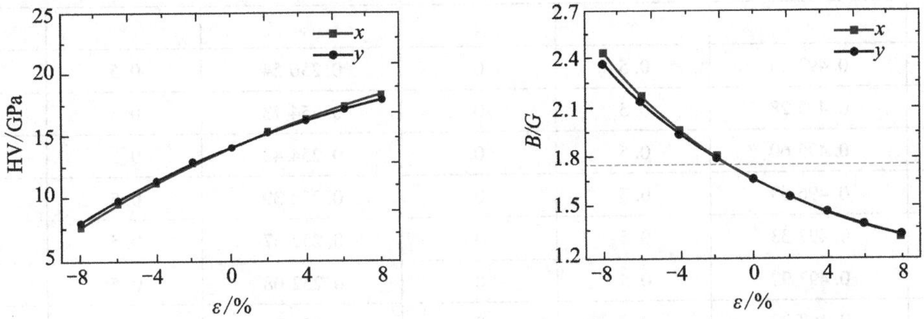

（a）维氏硬度　　（b）延展性

图 4-9　单轴应变下 $Al_{14}Mn_2N_{16}$ 的维氏硬度与延展性

可以发现，维氏硬度与延展性呈相反的变化规律，硬度增加时延展性降低，硬度减小时延展性增加。因此对于$Al_{14}Mn_2N_{16}$来说，想同时获得较高的维氏硬度和延展性，采用单轴应变无法实现。

4.3 单轴应变下$Al_{14}Mn_2N_{16}$中Mn原子链形变行为研究

在所加应变范围内，由应力-应变曲线、应变能曲线可知，$Al_{14}Mn_2N_{16}$超晶胞在宏观上是弹性变形，本节将研究单轴应变下超晶胞内部原子在原子尺度上的位移和变形规律。

4.3.1 Mn原子位置变化

对于$Al_{14}Mn_2N_{16}$超晶胞中原子位移行为研究，仅讨论Mn原子的位移，$Al_{14}Mn_2N_{16}$中Mn原子链结构如图4-10所示，无应变时$Al_{14}Mn_2N_{16}$中两个Mn原子的位置分别为(0.497 33,0.5,0)和(0.252 673,0,0)，施加单轴应变之后，两个Mn原子的位置变化情况见表4-10、表4-11，表中Mn原子坐标指的是以晶格为参考系的坐标变化。

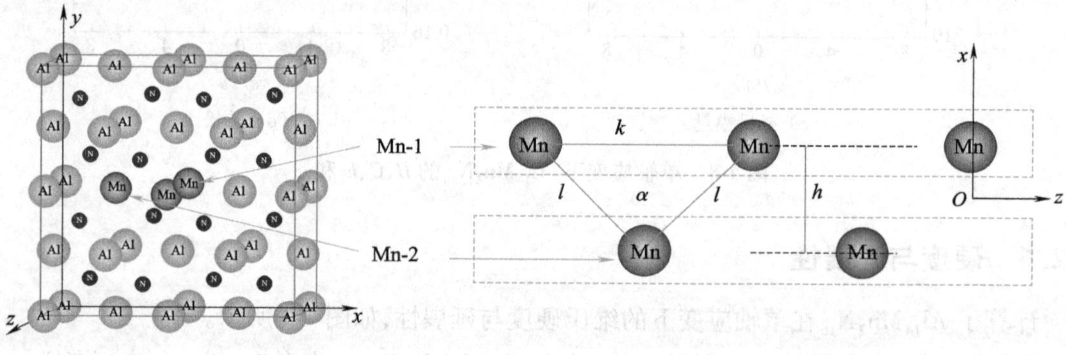

(a) $Al_{14}Mn_2N_{16}$的超晶胞结构　　(b) Mn原子链结构

图4-10　$Al_{14}Mn_2N_{16}$的超晶胞结构与Mn原子链结构

表4-10　x轴应变下的Mn原子坐标

ε/%	Mn-1			Mn-2		
	x	y	z	x	y	z
-8	0.493 45	0.5	0	0.256 54	0.5	0.5
-6	0.495 28	0.5	0	0.254 73	0.5	0.5
-4	0.495 60	0.5	0	0.254 43	0.5	0.5
-2	0.496 63	0.5	0	0.253 39	0.5	0.5
0	0.497 33	0.5	0	0.252 67	0.5	0.5
2	0.497 92	0.5	0	0.252 08	0.5	0.5
4	0.498 27	0.5	0	0.251 73	0.5	0.5
6	0.499 22	0.5	0	0.250 78	0.5	0.5
8	0.499 78	0.5	0	0.250 23	0.5	0.5

表 4-11　y 轴应变下的 Mn 原子坐标

ε/%	Mn-1			Mn-2		
	x	y	z	x	y	z
−8	0.496 01	0.5	0	0.254 01	0.5	0.5
−6	0.496 45	0.5	0	0.253 56	0.5	0.5
−4	0.496 96	0.5	0	0.253 05	0.5	0.5
−2	0.497 19	0.5	0	0.252 82	0.5	0.5
0	0.497 33	0.5	0	0.252 67	0.5	0.5
2	0.497 36	0.5	0	0.252 65	0.5	0.5
4	0.497 38	0.5	0	0.252 63	0.5	0.5
6	0.497 61	0.5	0	0.252 40	0.5	0.5
8	0.497 64	0.5	0	0.252 37	0.5	0.5

由表 4-10 可知，x 轴应变作用下，x 坐标不再是 0.497 3 与 0.252 7，说明 Mn 原子在晶胞中有位置移动；并且仅仅 x 坐标有位置变化，而 y 坐标与 z 坐标不变。由表 4-11 可知，y 轴应变作用下，x 坐标不再是 0.497 33 与 0.252 673，说明 Mn 原子在晶胞中有位置移动；有趣的是，y 轴应变作用下，Mn 原子的 y 坐标与 z 坐标依旧不变，仅仅 x 坐标有位置变化，说明 y 方向的应变也引起 Mn 原子在 x 方向的位移。需要说明的是，以单个 $Al_{14}Mn_2N_{16}$ 超晶胞为研究对象的情况下，y 方向的应变并没有引起 Mn 原子沿 y 方向的位移，但是 $Al_{14}Mn_2N_{16}$ 宏观晶体在 y 方向应变作用下，Mn 原子在 y 方向是存在位移的。

对于 Mn 原子在晶胞中的位置移动，表 4-10 与表 4-11 已经说明 Mn 原子仅仅在 x 方向有移动，相比于研究单个 Mn 原子的位移，更有意义的是研究两个 Mn 原子在 x 方向的距离变化，因此这里讨论两个 Mn 原子在 x 方向的距离 h 的变化情况。

如图 4-10(b) 所示，Mn-1 原子和 Mn-2 原子的位置在 x 方向的偏移引起了 h 的变化，h 的长度计算方法为：任一应变状态下，超晶胞在 x 方向的晶格常数为 a，两个 Mn 原子的 x 坐标分别为 $x_{\text{Mn-1}}$ 和 $x_{\text{Mn-2}}$，因此 h 的长度按式(4-24)计算。

$$h = (x_{\text{Mn-1}} - x_{\text{Mn-2}})a \tag{4-24}$$

无应变时的长度记为 h_0，定义 h 的平均应变 ε_h 见式(4-25)。

$$\varepsilon_h = \frac{h - h_0}{h_0} \tag{4-25}$$

计算了 h 和 ε_h 的变化情况，如图 4-11 所示。由图 4-11(a) 可知，无应变时，h 为 0.216 0 nm，压缩时，h 变小，拉伸时 h 变大；x 方向应变时 h 的变化大于 y 方向应变时 h 的变化；x 方向应变时，h 变化范围为 0.192 4 nm ~ 0.238 0 nm，y 方向应变时，h 的变化范围为 0.196 6 nm ~ 0.233 9 nm；y 方向应变时，h 随应变表现出很好的线性关系，x 方向应变时，在 −6% ~ 8% 的应变范围表现出很好的线性关系，当压缩到 −8% 时，h 的变化增大。

图 4-11(b) 给出了 ε_h 随应变的变化情况，y 方向应变时，ε_h 随应变表现出很好的线性关系；x 方向应变时，在 −6% ~ 8% 的应变范围表现出很好的线性关系；当压缩到 −8% 时，ε_h 的变化增大；x 方向应变时的 ε_h 大于 y 方向应变时的 ε_h。可以看到，ε_h 的值大于外加应变的值，因

此计算了 ε_h 和外加应变的比值关系，见表 4-12。

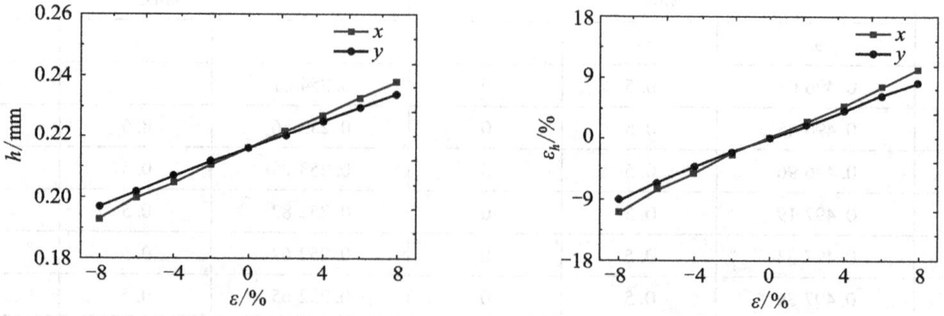

（a）h 的变化规律　　（b）ε_h 的变化规律

图 4-11　单轴应变下 h 与 ε_h 的变化规律

表 4-12　单轴应变下的 ε_h、ε 与 $\varepsilon_h/\varepsilon$

	ε/%	−8	−6	−4	−2	0	2	4	6	8
x	ε_h/%	−10.913	−7.578	−5.368	−2.570	0	2.495	4.801	6.240	8.270
	ε/%	−8	−6	−4	−2	0	2	4	6	8
	$\varepsilon_h/\varepsilon$	1.364	1.263	1.342	1.285	—	1.247	1.200	1.273	1.270
y	ε_h/%	−9.000	−6.677	−4.296	−2.115	0	2.475	5.151	7.694	10.229
	ε/%	−8	−6	−4	−2	0	2	4	6	8
	$\varepsilon_h/\varepsilon$	1.125	1.113	1.074	1.057	—	1.011	1.010	1.040	1.034

由表 4-12 可知，h 的平均应变 ε_h 明显大于外加应变 ε，x 方向应变时，其比值 $\varepsilon_h/\varepsilon$ 在 1.200～1.364 之间，平均值为 1.281；y 方向应变时，其比值 $\varepsilon_h/\varepsilon$ 在 1.010～1.125 之间，平均值为 1.058。

对 h 以及 ε_h 的研究得到如下结论：

（1）固体外加应变时，晶体内部某些部分的应变可能会大于外加应变。

（2）固体外加应变时，y 方向应变引起了 Mn 原子间距离沿 x 方向的变化，晶体内部某些部分的形变方向可能与外加应变方向不同。

（3）材料在纳米尺度的变形规律与宏观尺度变形规律有差异。

4.3.2　Mn 原子链中键长键角变化

Mn 原子位置的偏移必然引起 Mn 原子链键长、键角的变化，键长、键角的变化对磁性的影响尤为重要，因此计算了单轴应变状态下 Mn 原子链的键长 l 和键角 α 的变化，如图 4-12 所示。

图 4-12（a）为 Mn 原子链的键长 l 随应变的变化情况，压缩时，键长变短；拉伸时，键长变长。y 方向应变时，键长与应变呈线性关系，x 方向应变时，在 −6%～8% 范围，键长与应变呈线性关系，压缩到 −8% 时，键长变短较明显。x 方向应变时键长的变化大于 y 方向应变时键长的变化。

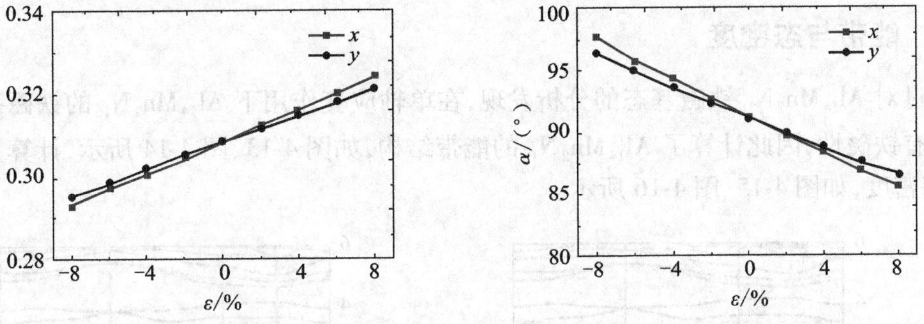

(a) 键长　　(b) 键角

图 4-12　单轴应变下 Mn 原子链键长与键角

图 4-12(b)为 Mn 原子链的键角 α 随应变的变化情况，压缩时，键角变小；拉伸时，键角变大。y 方向应变时，键角与应变呈线性关系，x 方向应变时，在 −6%～8% 范围，键角与应变呈线性关系，压缩到 −8% 时，键角变小较明显。x 方向应变时键角的变化大于 y 方向应变时键角的变化。

4.4　单轴应变下 $Al_{14}Mn_2N_{16}$ 的磁学性质

4.4.1　铁磁基态

为了分析 $Al_{14}Mn_2N_{16}$ 的磁学性质，首先研究其铁磁基态，铁磁基态决定了是否需要进一步研究物质的磁学性质，因此计算了 $Al_{14}Mn_2N_{16}$ 在单轴应变作用下铁磁态与反铁磁态的系统总能量，见表 4-13，表中 $\Delta E = E_{FM} - E_{AFM}$，发现铁磁态的总能量总是低于反铁磁态的总能量，因此在单轴应变作用下，体系一直具有铁磁性，有进一步研究其磁学性质的意义。

表 4-13　单轴应变下 $Al_{14}Mn_2N_{16}$ 的总能量

ε/%	x			y		
	E_{FM}/eV	E_{AFM}/eV	ΔE	E_{FM}/eV	E_{AFM}/eV	ΔE
−8	−6 468.210 8	−6 467.806 1	<0	−6 468.078 1	−6 467.334 5	<0
−6	−6 468.991 4	−6 468.443 6	<0	−6 468.920 2	−6 468.163 1	<0
−4	−6 469.544 4	−6 468.892 7	<0	−6 469.514 2	−6 468.761 1	<0
−2	−6 469.871 1	−6 469.155 4	<0	−6 469.864 3	−6 469.117 5	<0
0	−6 469.974 8	−6 469.236 7	<0	−6 469.974 8	−6 469.236 7	<0
2	−6 469.859 3	−6 469.137 5	<0	−6 469.851 2	−6 469.124 2	<0
4	−6 469.529 0	−6 468.851 0	<0	−6 469.499 9	−6 468.787 0	<0
6	−6 468.989 1	−6 468.392 1	<0	−6 468.925 8	−6 468.229 7	<0
8	−6 468.244 1	−6 467.728 9	<0	−6 468.137 2	−6 467.460 8	<0

4.4.2 能带与态密度

通过对 $Al_{14}Mn_2N_{16}$ 铁磁基态的分析发现，在单轴应变作用下 $Al_{14}Mn_2N_{16}$ 的铁磁态更稳定，一直具有铁磁性，因此计算了 $Al_{14}Mn_2N_{16}$ 的能带结构，如图 4-13、图 4-14 所示，计算了 $Al_{14}Mn_2N_{16}$ 的态密度，如图 4-15、图 4-16 所示。

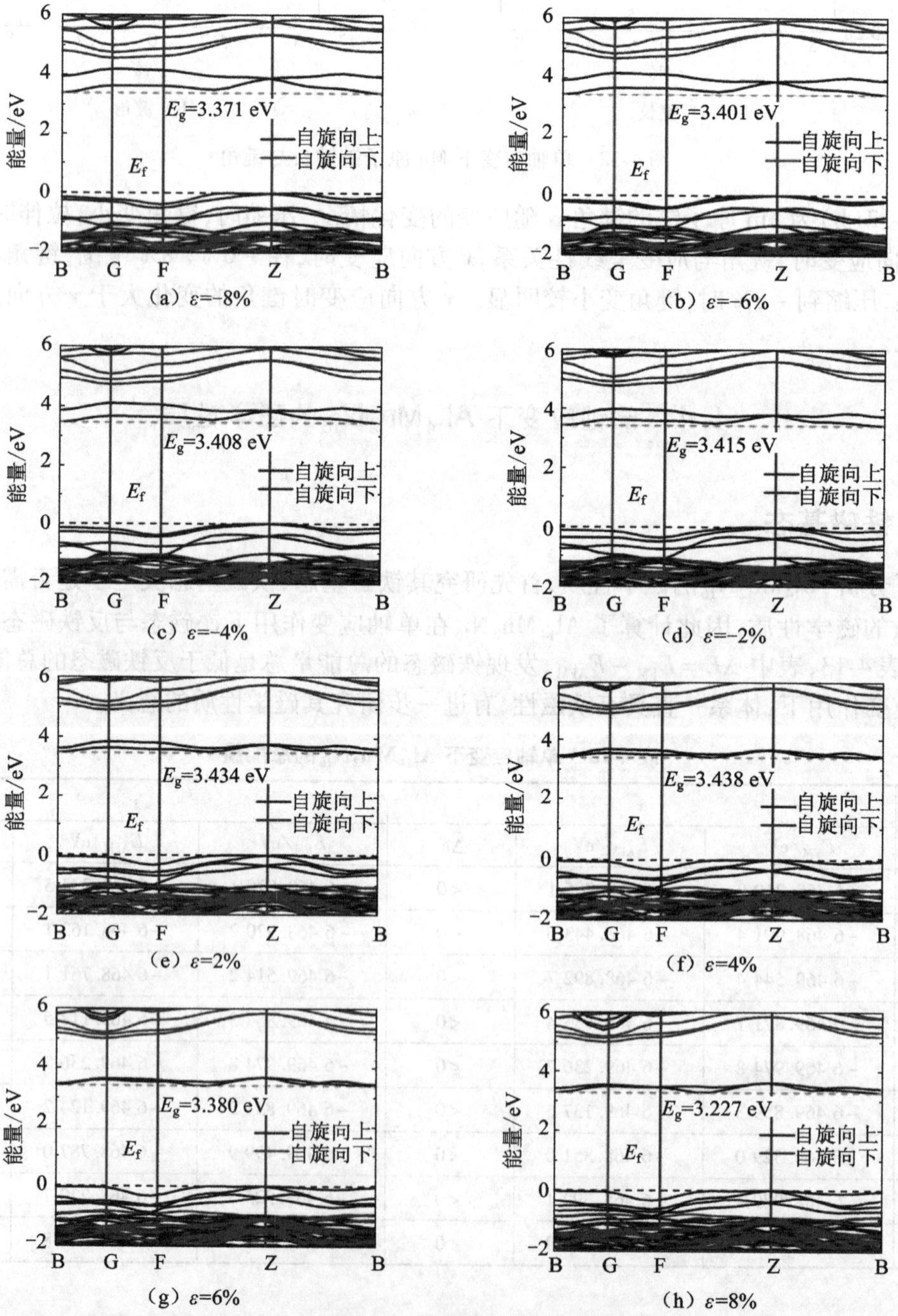

图 4-13 x 轴应变下 $Al_{14}Mn_2N_{16}$ 的能带结构

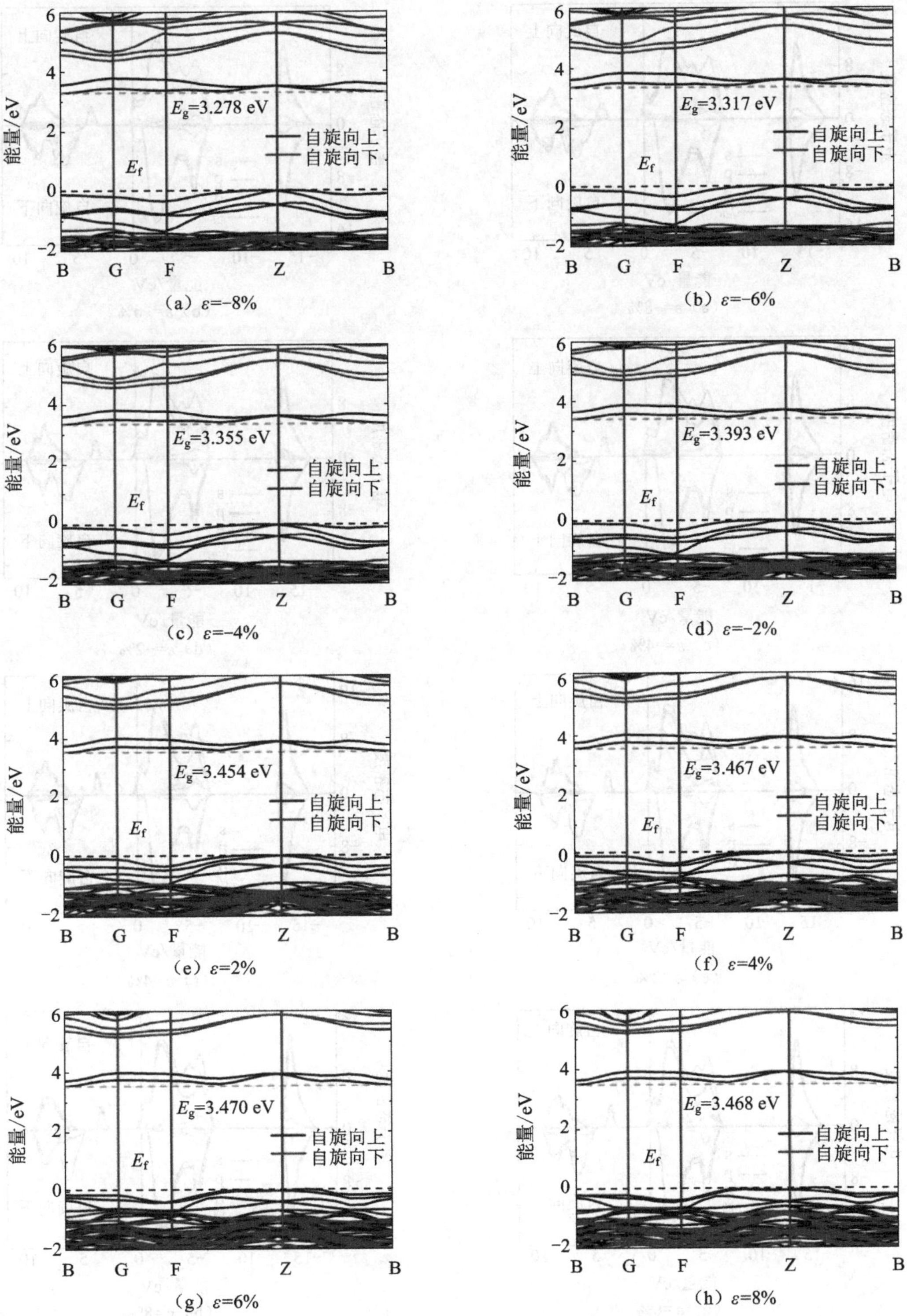

图 4-14　y 轴应变下 $Al_{14}Mn_2N_{16}$ 的能带结构

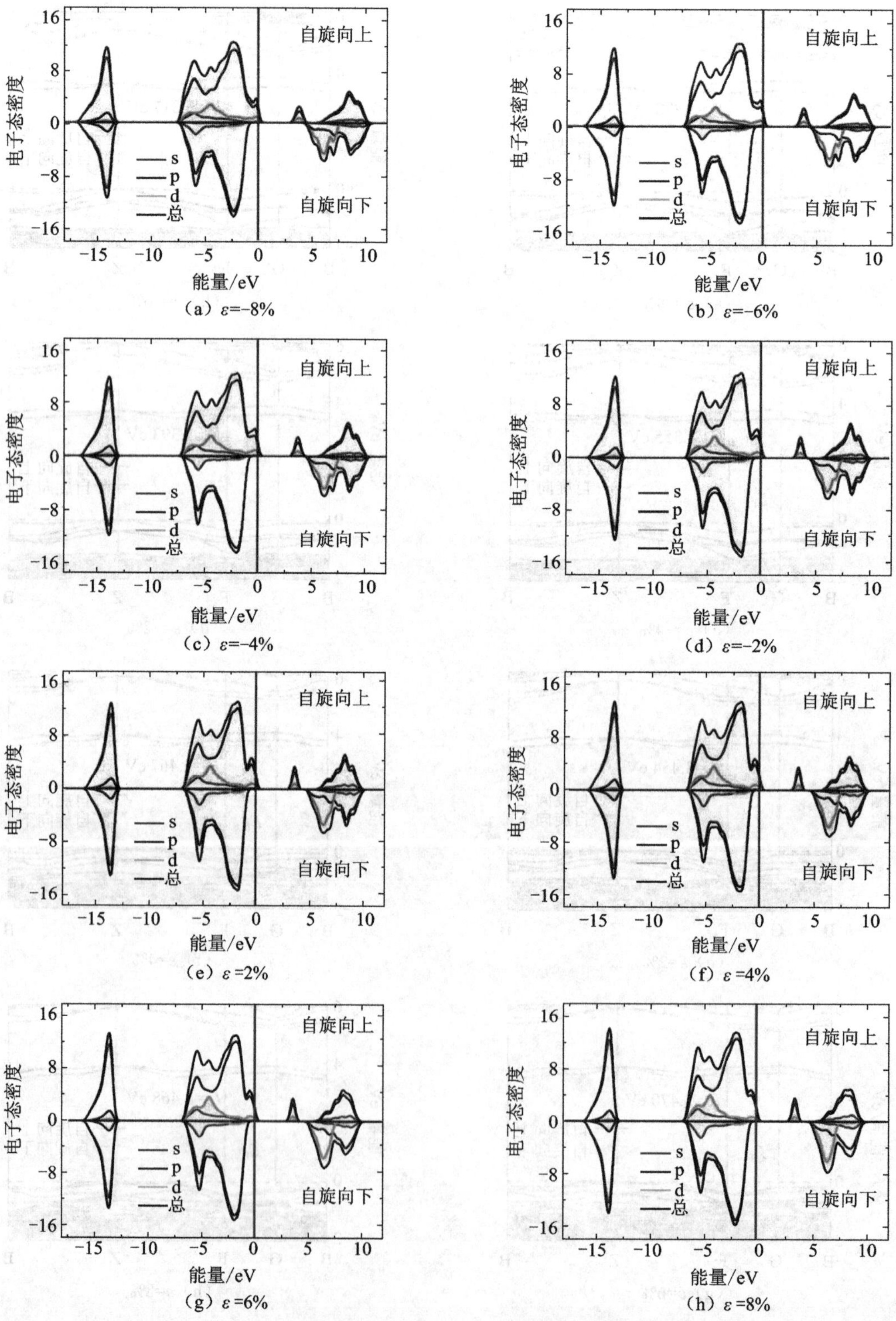

图 4-15　x 轴应变下 $Al_{14}Mn_2N_{16}$的电子态密度

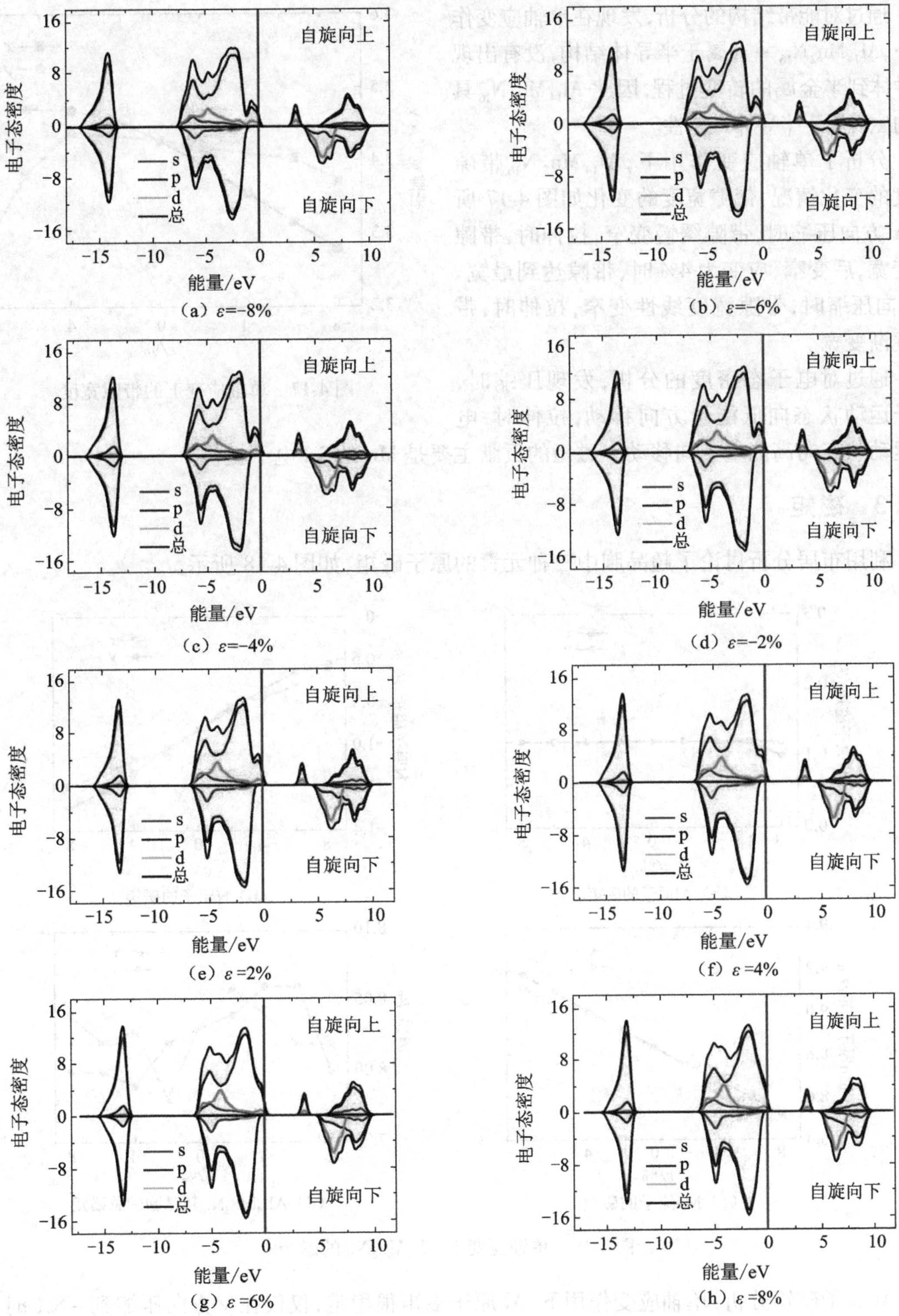

图 4-16　y 轴应变下 $Al_{14}Mn_2N_{16}$ 的电子态密度

通过对能带结构的分析，发现在单轴应变作用下，$Al_{14}Mn_2N_{16}$一直属于半导体结构，没有出现半导体到半金属的转变过程，因此 $Al_{14}Mn_2N_{16}$ 具有的磁性属于半导体铁磁性。

分析了单轴应变作用下，$Al_{14}Mn_2N_{16}$ 带隙宽度的变化情况，带隙宽度的变化如图 4-17 所示，x 方向压缩时，带隙缓慢变窄，拉伸时，带隙先变宽，后变窄，应变为 4% 时，带隙达到最宽。y 方向压缩时，带隙宽度线性变窄，拉伸时，带隙逐渐变宽。

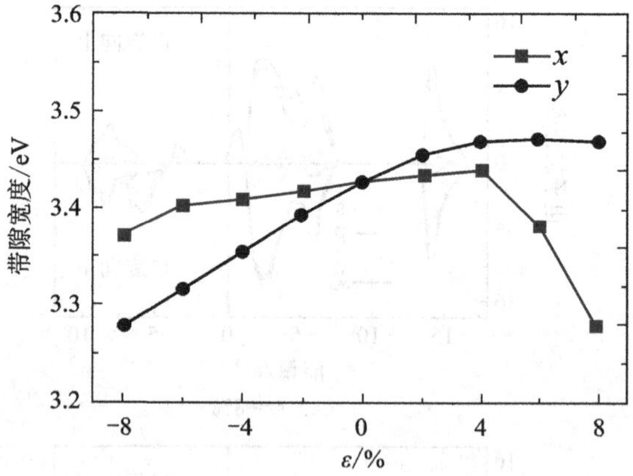

图 4-17　单轴应变下的带隙宽度

通过对电子态密度的分析，发现压缩时，电子运动状态向低能量方向移动，拉伸时，电子运动状态向高能量方向移动。磁矩的贡献主要是 Mn 的 3d 电子提供。

4.4.3　磁矩

利用布居分析讨论了超晶胞中三种元素的原子磁矩，如图 4-18 所示。

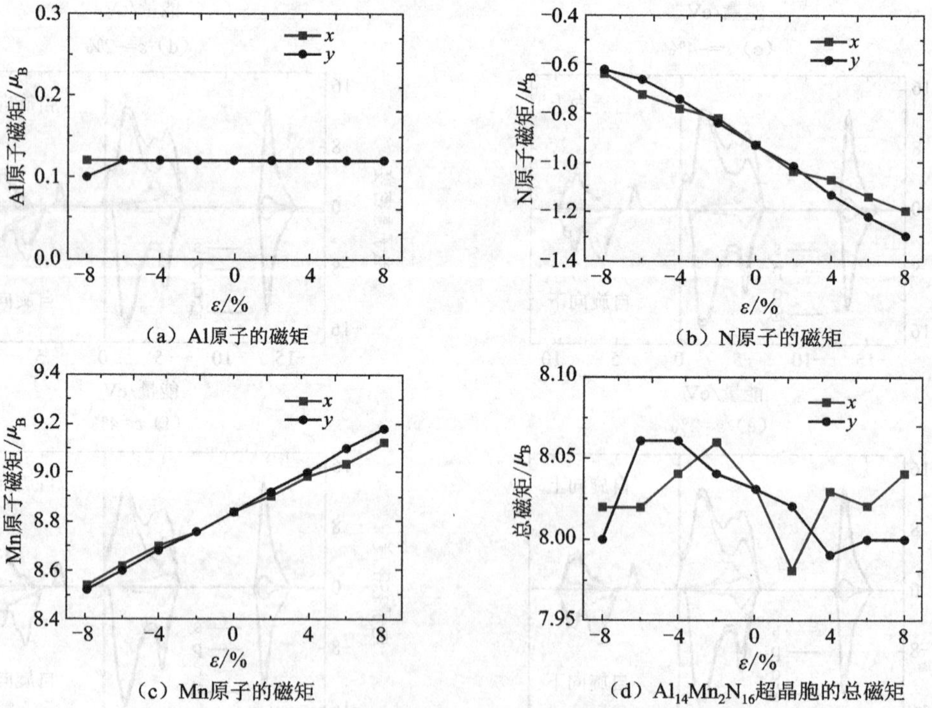

图 4-18　单轴应变下 $Al_{14}Mn_2N_{16}$ 的磁矩

Al 原子磁矩分析：单轴应变作用下，Al 原子磁矩很稳定，仅仅在 y 方向压缩到 −8% 时，有轻微的下降。

N 原子磁矩分析：压缩时，N 原子磁矩增加；拉伸时，N 原子磁矩减小。

Mn 原子磁矩分析：压缩时，Mn 原子磁矩减小；拉伸时，Mn 原子磁矩增加；Mn 原子磁矩随应变几乎呈直线规律增加。

$Al_{14}Mn_2N_{16}$ 总磁矩分析：单轴应变下总磁矩为 $8.02\mu_B \pm 0.04\mu_B$，很稳定地在 $8.02\mu_B$ 附近波动。x 轴应变下，总磁矩平均值为 $8.027\mu_B$，标准差为 $0.006\ 849\mu_B$；y 轴应变下，总磁矩平均值为 $8.022\mu_B$，标准差为 $0.008\ 429\mu_B$。

分析单轴应变下 $Al_{14}Mn_2N_{16}$ 磁矩的发现，虽然应变作用下 Mn 原子、N 原子磁矩有较大的变化，但是 $Al_{14}Mn_2N_{16}$ 超晶胞总磁矩很稳定。

4.4.4　居里温度

采用 Ising 模型计算了 $Al_{14}Mn_2N_{16}$ 的居里温度，首先计算了单轴应变时对应的交换常数 J 和磁矩 S，见表 4-14。采用蒙特卡洛方法，具体步骤与 3.6.3 节中一致，经历了 1×10^6 个蒙特卡洛步之后，得到了单轴应变作用下 $Al_{14}Mn_2N_{16}$ 的 M-T 曲线，如图 4-19 所示。

表 4-14　单轴应变下的交换常数 J 和磁矩 S

ε/%		−8	−6	−4	−2	0	2	4	6	8
x	J/meV	5.548	7.372	8.610	9.326	9.445	9.113	8.408	7.306	6.194
	S/μ_B	4.27	4.31	4.35	4.38	4.42	4.45	4.49	4.52	4.56
y	J/meV	10.244	10.236	9.996	9.732	9.445	9.137	8.803	8.406	8.026
	S/μ_B	4.26	4.30	4.34	4.38	4.42	4.46	4.50	4.55	4.59

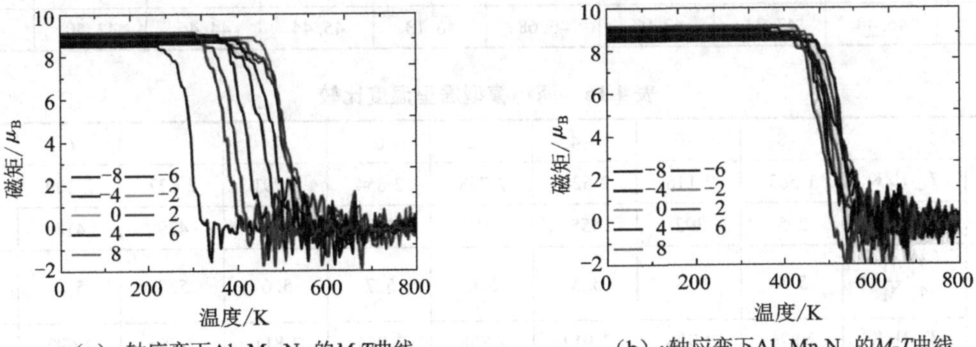

（a）x轴应变下$Al_{14}Mn_2N_{16}$的M-T曲线　（b）y轴应变下$Al_{14}Mn_2N_{16}$的M-T曲线

图 4-19　单轴应变下 $Al_{14}Mn_2N_{16}$ 的 M-T 曲线

根据磁矩—温度曲线，计算了单轴应变作用下 $Al_{14}Mn_2N_{16}$ 的居里温度，如图 4-20(a) 所示。x 轴应变作用下，居里温度会降低，当 x 方向压缩到 −8% 时，居里温度为 295 K，略微低于室温（300 K）；y 轴应变作用下，拉伸时居里温度降低，压缩时居里温度能够提高，压应变为 −6% 时，居里温度最高，为 524 K。单轴应变能够很好地调控 $Al_{14}Mn_2N_{16}$ 的居里温度，可在 295 ~ 524 K 之间调节，具有 229 K 的调节范围。

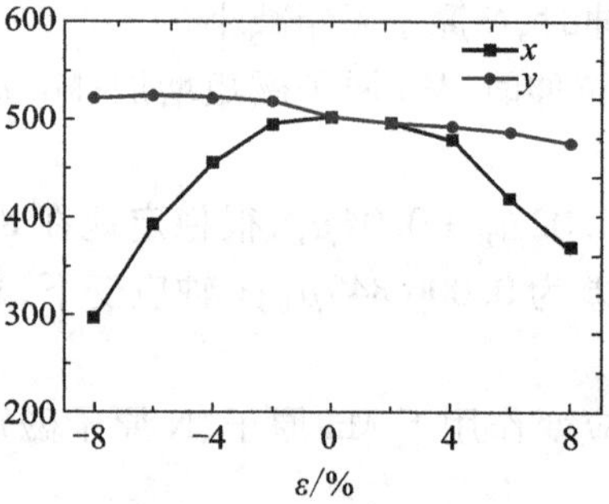

（a）Ising模型计算的居里温度

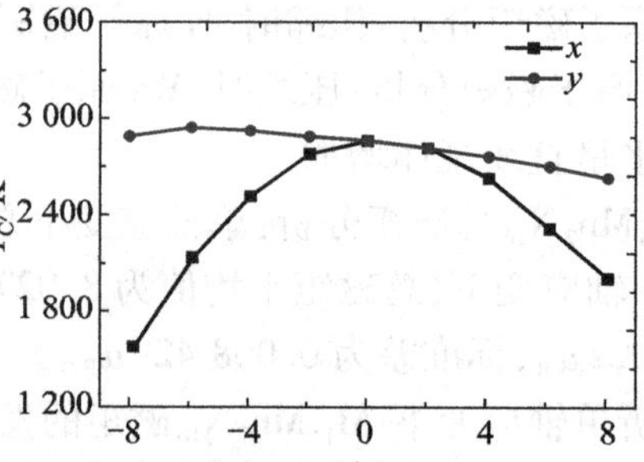

（b）海森堡模型计算的居里温度

图 4-20　单轴应变下 $Al_{14}Mn_2N_{16}$ 的居里温度

采用海森堡模型计算了 $Al_{14}Mn_2N_{16}$ 的居里温度（单轴应变状态下 $Al_{14}Mn_2N_{16}$ 的结合能之差 ΔE 见表 4-15），如图 4-20（b）所示，发现蒙特卡洛方法计算的居里温度比海森堡模型计算的居里温度低。表 4-16 给出了两种模型计算的居里温度及比值，表中 T_C-H 表示海森堡模型计算的居里温度，T_C-M 表示蒙特卡洛方法计算的居里温度，海森堡模型计算结果大约是 Ising 模型计算结果的 5.5 倍，再次验证了公认的海森堡模型预测居里温度偏高的事实。虽然海森堡模型计算的居里温度偏高，两种方法计算得到的居里温度绝对值有差异，但是居里温度随应变的变化规律却是一致的。

表 4-15　单轴应变下 $Al_{14}Mn_2N_{16}$ 的 ΔE/meV

ε/%	−8	−6	−4	−2	0	2	4	6	8
x	25.29	34.24	40.73	44.73	46.13	45.12	42.38	37.32	32.20
y	46.48	47.32	47.07	46.68	46.13	45.44	44.46	43.50	42.28

表 4-16　两种模型居里温度比较

ε/%		−8	−6	−4	−2	0	2	4	6	8
x	T_C-H/K	1 565	2 118	2 520	2 768	2 854	2 791	2 622	2 309	1 992
	T_C-M/K	295	392	455	494	502	495	479	418	368
	$\frac{T_C\text{-H}}{T_C\text{-M}}$	5.3	5.4	5.5	5.6	5.7	5.6	5.5	5.5	5.4
y	T_C-H/K	2 876	2 928	2 912	2 888	2 854	2 811	2 757	2 692	2 616
	T_C-M/K	520	524	522	516	502	498	492	487	475
	$\frac{T_C\text{-H}}{T_C\text{-M}}$	5.5	5.6	5.6	5.6	5.7	5.6	5.6	5.6	5.5

本章小结

本章对 $Al_{14}Mn_2N_{16}$ 超晶胞分别在 x 方向和 y 方向施加 −8%~8% 的单轴应变，详细研究了单轴应变作用下 $Al_{14}Mn_2N_{16}$ 的力学性质和磁学性质，得到如下结论：

(1)在 -8%~8% 的单轴应变范围内,$Al_{14}Mn_2N_{16}$ 是力学稳定的,其应力-应变曲线和应变能曲线均表明在所加应变范围 $Al_{14}Mn_2N_{16}$ 属于弹性变形;y 方向形变比 x 方向形变需要更大的应变能,压缩比拉伸需要更大的应变能,即 $Al_{14}Mn_2N_{16}$ 难压缩易拉伸。

(2)通过分析四种各向异性因子指标,发现压缩时各向异性快速增加,表现出很强的各向异性;拉伸时各向异性变化较小。$Al_{14}Mn_2N_{16}$ 多晶体体积模量压缩时增加,拉伸时降低;剪切模量压缩到 -2% 时最大,拉伸到 8% 时最小;杨氏模量压缩到 -4% 时最大,拉伸到 8% 时最小;泊松比压缩时增加,拉伸时减小,随应变表现出较好的线性关系;压缩时维氏硬度降低,拉伸时维氏硬度增加;压缩时延展性增加,拉伸时延展性降低,压缩到 -2% 之后,$Al_{14}Mn_2N_{16}$ 表现出很好的延展性。

(3)以单个 $Al_{14}Mn_2N_{16}$ 超晶胞为研究对象,x 方向应变作用下 Mn 原子仅仅在 x 方向有位移,y 方向应变时 Mn 原子也是仅仅在 x 方向有位移,说明固体外加应变时,晶体内部原子的位移方向可能与外加应变方向不一致。两个 Mn 原子在 x 方向的相对距离,压缩时减小,拉伸时增加,通过对相对距离的平均应变分析发现,外加应变时,晶体内部某些部分的应变可能会大于外加应变。

(4)压缩时 Mn 原子链键长变短,键角变大,拉伸时键长变长,键角变小。

(5)单轴应变作用下,$Al_{14}Mn_2N_{16}$ 一直具有半导体铁磁性,磁矩主要由 Mn 的 3d 电子贡献。压缩时 Mn 原子磁矩减小,拉伸时 Mn 原子磁矩增加;压缩时 N 原子磁矩增加,拉伸时 N 原子磁矩减小。由于 Mn 原子磁矩和 N 原子磁矩变化相反,相互抵消,使得超晶胞总磁矩很稳定。

(6)利用蒙特卡洛方法研究了 $Al_{14}Mn_2N_{16}$ 的居里温度,x 方向应变时,居里温度下降,当 x 方向压缩到 -8% 时,居里温度为 295 K,略低于室温 300 K;y 方向压缩到 -6% 时,居里温度最高,可达 524 K;单轴应变能很好地调控 $Al_{14}Mn_2N_{16}$ 的居里温度,可在 295 ~ 524 K 之间可调,具有高达 229 K 的调节范围。

(7)利用海森堡平均场模型计算了 $Al_{14}Mn_2N_{16}$ 的居里温度,与蒙特卡洛方法计算的居里温度相比,海森堡平均场模型的计算值总是偏高,海森堡平均场模型的计算结果大约是蒙特卡洛计算结果的 5.5 倍,但是两种方法计算的居里温度随应变的变化规律却是一致的。

第 5 章　双轴应变调控 $Al_{14}Mn_2N_{16}$ 的力学与磁学性质

第 5 章 彩图

第 3 章研究了 $Al_{14}Mn_2N_{16}$ 在无应变状态时的力学性质和磁学性质，第 4 章进一步研究了 $Al_{14}Mn_2N_{16}$ 在单轴应变状态下的力学性质和磁学性质，研究发现单轴应变对 $Al_{14}Mn_2N_{16}$ 的力学性质与磁学性质均有改善和提升，因此本章继续研究双轴应变对 $Al_{14}Mn_2N_{16}$ 力学性质和磁学性质的调控效应。本章流程图如图 5-1 所示。

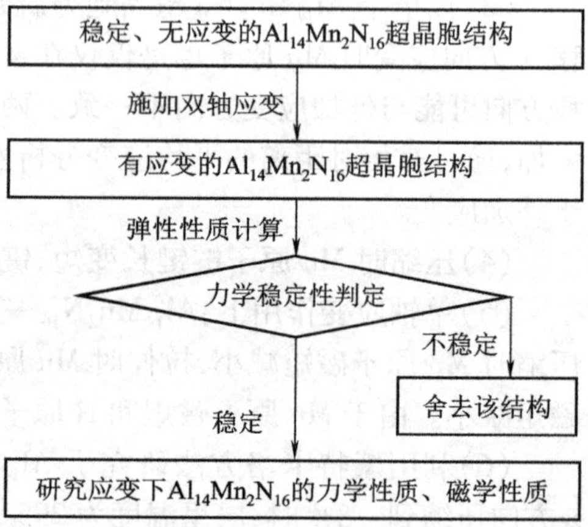

图 5-1　本章流程图

根据研究流程图，本章做如下研究工作：

（1）对 $Al_{14}Mn_2N_{16}$ 超晶胞在 x 方向和 y 方向施加 −8%～8% 的均匀双轴应变。

（2）对有应变的 $Al_{14}Mn_2N_{16}$ 超晶胞进行几何优化，几何优化时仅优化原子位置，不优化超晶胞大小，这样的做法使得 $Al_{14}Mn_2N_{16}$ 超晶胞中的原子在应变状态下找到其能量最低的位置，即有应变作用下超晶胞的最稳定结构。

（3）几何优化完成后，计算施加了均匀双轴应变后 $Al_{14}Mn_2N_{16}$ 的刚度常数，并根据力学稳定性判据来判定其稳定性，若不稳定则不再研究。

（4）对满足力学稳定性的超晶胞，继续研究其力学性质和磁学性质。

5.1　双轴应变下 $Al_{14}Mn_2N_{16}$ 的晶格常数

根据材料力学，固体在 x 轴方向和 y 轴方向的线应变定义见式(5-1)。

$$\begin{cases} \varepsilon_x = \dfrac{a-a_0}{a_0} \times 100\% \\ \varepsilon_y = \dfrac{b-b_0}{b_0} \times 100\% \end{cases} \tag{5-1}$$

其中 a、b 为施加应变后 $Al_{14}Mn_2N_{16}$ 的晶格常数，a_0、b_0 为无应变时 $Al_{14}Mn_2N_{16}$ 的晶格常数。本章计算没有切应变，只有正应变的情况，即没有改变 $Al_{14}Mn_2N_{16}$ 超晶胞的正交结构。在 x 轴方向和 y 轴方向均匀的双轴应变下，$Al_{14}Mn_2N_{16}$ 晶格常数的计算公式为

$$\begin{cases} \varepsilon_x = \varepsilon_y = \dfrac{a-a_0}{a_0} = \dfrac{b-b_0}{b_0} = \pm 8\%,\ \pm 6\%,\ \pm 4\%,\ \pm 2\%, 0\% \\ \varepsilon_z = 0 \end{cases} \tag{5-2}$$

计算出的晶格常数 a、b、c 见表 5-1，在 CASTEP 中设置好 $Al_{14}Mn_2N_{16}$ 的晶格常数并保存，设置完毕后的 $Al_{14}Mn_2N_{16}$ 超晶胞便施加了 x 方向和 y 方向的均匀双轴应变。

表 5-1　$Al_{14}Mn_2N_{16}$ 在双轴应变下的晶格常数

ε/%	a/nm	b/nm	c/nm
-8	0.812 4	0.825 5	0.440 8
-6	0.830 0	0.843 4	0.440 8
-4	0.847 7	0.861 4	0.440 8
-2	0.865 3	0.879 3	0.440 8
0	0.883 0	0.897 3	0.440 8
2	0.900 6	0.915 2	0.440 8
4	0.918 3	0.933 2	0.440 8
6	0.936 0	0.951 1	0.440 8
8	0.953 6	0.969 1	0.440 8

对 $Al_{14}Mn_2N_{16}$ 超晶胞施加均匀双轴应变后，对应变状态下的超晶胞进行几何优化，几何优化时仅优化原子位置，不优化晶格大小，优化成功后的超晶胞保持了其双轴应变，同时也使得超晶胞中的原子找到了其能量最低的位置，即找到了 $Al_{14}Mn_2N_{16}$ 超晶胞在双轴应变状态下的稳定晶体结构。

5.2　双轴应变下 $Al_{14}Mn_2N_{16}$ 的力学性质

5.2.1　刚度常数与力学稳定性

外加双轴应变后，晶体已经产生形变，并且比单轴应变具有更复杂的变形，第四章的研究证明 $Al_{14}Mn_2N_{16}$ 在 x 方向和 y 方向能承受 -8%～8% 的单轴应变，是否能在 x 方向和 y 方向承受 -8%～8% 的均匀双轴应变仍然需要用力学稳定性判据进行验证，因此计算了双轴应变下 $Al_{14}Mn_2N_{16}$ 的刚度常数，见表 5-2。

表 5-2　双轴应变下的刚度常数/GPa

ε/%	C_{11}	C_{12}	C_{13}	C_{22}	C_{23}	C_{33}	C_{44}	C_{55}	C_{66}
-8	343.46	319.84	280.66	365.78	273.54	464.34	149.88	168.44	184.85
-6	320.18	266.58	238.09	342.2	229.56	401.13	156.08	169.95	181.38
-4	295.53	216.37	202.53	317.96	194.53	344.86	157.01	170.07	170.07
-2	273.11	170.84	171.62	292.34	163.21	295.83	155.8	168.01	160.87
0	253.89	132.48	143.28	272.34	134.46	253.76	151.48	161.77	152.2
2	235.72	98.21	118.94	251.99	109.45	217.39	144.36	154.01	142.06
4	219.13	68.22	96.81	233.79	87.79	186.39	137.05	144.99	131.42
6	203.64	41.69	77.62	215.39	68.09	159.51	126.73	134.05	119.25
8	188.63	18.46	60.44	198.99	51.12	136.77	116.09	122.32	106.22

由计算的刚度常数表 5-2 可知，在所加双轴应变范围内 $Al_{14}Mn_2N_{16}$ 均属于正交晶系，因此根据正交晶系的力学稳定性判据式(5-3)，逐一验证 $Al_{14}Mn_2N_{16}$ 在均匀双轴应变状态下的力学稳定性，得到了 $Al_{14}Mn_2N_{16}$ 超晶胞在均匀双轴应变作用下是力学稳定的，也说明 $Al_{14}Mn_2N_{16}$ 可以承受 $-8\%\sim8\%$ 的均匀双轴应变，可以进一步研究双轴应变下 $Al_{14}Mn_2N_{16}$ 的其他性质。

$$\begin{cases} C_{ii} > 0 \\ C_{11} + C_{22} - 2C_{12} > 0 \\ C_{11} + C_{33} - 2C_{13} > 0 \\ C_{22} + C_{33} - 2C_{23} > 0 \\ C_{11} + C_{22} + C_{33} + 2(C_{12} + C_{13} + C_{23}) > 0 \end{cases} \tag{5-3}$$

图 5-2 为双轴应变作用下 $Al_{14}Mn_2N_{16}$ 超晶胞的刚度常数变化图，发现 x 和 y 双轴应变作用下，刚度常数 C_{33} 的变化明显大于 C_{11} 和 C_{22} 的变化，这个结果和单轴应变时是一致的。

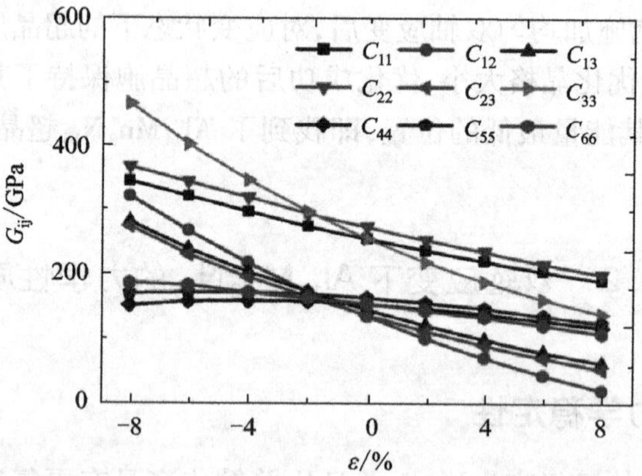

图 5-2 $Al_{14}Mn_2N_{16}$ 在双轴应变下的刚度常数

5.2.2 应力-应变曲线与应变能

应力-应变曲线是描述固体形变过程中应力与应变规律的重要特征，因此计算了双轴应变作用下 $Al_{14}Mn_2N_{16}$ 的应力-应变曲线。

与第四章类似，根据胡克定律的张量形式可以计算双轴应变下 $Al_{14}Mn_2N_{16}$ 的应力-应变曲线，胡克定律的张量形式见式(5-4)。

$$\begin{pmatrix} X_1 \\ X_2 \\ X_3 \\ X_4 \\ X_5 \\ X_6 \end{pmatrix} = \begin{pmatrix} C_{11} & C_{12} & C_{13} & C_{14} & C_{15} & C_{16} \\ C_{12} & C_{22} & C_{23} & C_{24} & C_{25} & C_{26} \\ C_{13} & C_{23} & C_{33} & C_{34} & C_{35} & C_{36} \\ C_{14} & C_{24} & C_{34} & C_{44} & C_{45} & C_{46} \\ C_{15} & C_{25} & C_{35} & C_{45} & C_{55} & C_{56} \\ C_{16} & C_{26} & C_{36} & C_{46} & C_{56} & C_{66} \end{pmatrix} \begin{pmatrix} x_1 \\ x_2 \\ x_3 \\ x_4 \\ x_5 \\ x_6 \end{pmatrix} \tag{5-4}$$

写成差量形式为

$$\begin{pmatrix} X_1\\X_2\\X_3\\X_4\\X_5\\X_6 \end{pmatrix}_i - \begin{pmatrix} X_1\\X_2\\X_3\\X_4\\X_5\\X_6 \end{pmatrix}_{i-1} = \begin{pmatrix} C_{11} & C_{12} & C_{13} & C_{14} & C_{15} & C_{16}\\ C_{12} & C_{22} & C_{23} & C_{24} & C_{25} & C_{26}\\ C_{13} & C_{23} & C_{33} & C_{34} & C_{35} & C_{36}\\ C_{14} & C_{24} & C_{34} & C_{44} & C_{45} & C_{46}\\ C_{15} & C_{25} & C_{35} & C_{45} & C_{55} & C_{56}\\ C_{16} & C_{26} & C_{36} & C_{46} & C_{56} & C_{66} \end{pmatrix} \left(\begin{pmatrix} x_1\\x_2\\x_3\\x_4\\x_5\\x_6 \end{pmatrix}_i - \begin{pmatrix} x_1\\x_2\\x_3\\x_4\\x_5\\x_6 \end{pmatrix}_{i-1} \right) \tag{5-5}$$

拉伸时

$$\Delta\varepsilon = (x_1, x_2, x_3, x_4, x_5, x_6)_i^{\mathrm{T}} - (x_1, x_2, x_3, x_4, x_5, x_6)_{i-1}^{\mathrm{T}} = (2\%, 2\%, 0, 0, 0, 0)^{\mathrm{T}} \tag{5-6}$$

压缩时

$$\Delta\varepsilon = (x_1, x_2, x_3, x_4, x_5, x_6)_i^{\mathrm{T}} - (x_1, x_2, x_3, x_4, x_5, x_6)_{i-1}^{\mathrm{T}} = (-2\%, -2\%, 0, 0, 0, 0)^{\mathrm{T}} \tag{5-7}$$

将式(5-6)代入式(5-5)可得到拉伸时 $Al_{14}Mn_2N_{16}$ 的应力计算公式(5-8)

$$\begin{pmatrix} X_1\\X_2\\X_3\\0\\0\\0 \end{pmatrix}_i - \begin{pmatrix} X_1\\X_2\\X_3\\0\\0\\0 \end{pmatrix}_{i-1} = \begin{pmatrix} C_{11} & C_{12} & C_{13} & 0 & 0 & 0\\ C_{12} & C_{22} & C_{23} & 0 & 0 & 0\\ C_{13} & C_{23} & C_{33} & 0 & 0 & 0\\ 0 & 0 & 0 & C_{44} & 0 & 0\\ 0 & 0 & 0 & 0 & C_{55} & 0\\ 0 & 0 & 0 & 0 & 0 & C_{66} \end{pmatrix} \begin{pmatrix} 0.02\\0.02\\0\\0\\0\\0 \end{pmatrix}_i \tag{5-8}$$

将式(5-7)代入式(5-5)可得到压缩时 $Al_{14}Mn_2N_{16}$ 的应力计算公式(5-9)

$$\begin{pmatrix} X_1\\X_2\\X_3\\0\\0\\0 \end{pmatrix}_i - \begin{pmatrix} X_1\\X_2\\X_3\\0\\0\\0 \end{pmatrix}_{i-1} = \begin{pmatrix} C_{11} & C_{12} & C_{13} & 0 & 0 & 0\\ C_{12} & C_{22} & C_{23} & 0 & 0 & 0\\ C_{13} & C_{23} & C_{33} & 0 & 0 & 0\\ 0 & 0 & 0 & C_{44} & 0 & 0\\ 0 & 0 & 0 & 0 & C_{55} & 0\\ 0 & 0 & 0 & 0 & 0 & C_{66} \end{pmatrix} \left(\begin{pmatrix} -0.02\\-0.02\\0\\0\\0\\0 \end{pmatrix} \right)_i \tag{5-9}$$

根据式(5-8)和式(5-9)可以计算出双轴应变下 $Al_{14}Mn_2N_{16}$ 的应力-应变曲线，如图 5-3 所示，发现双轴应变作用下，x 方向与 y 方向的应力较大，z 方向应力较小，相对来说，y 方向应力比 x 方向应力稍大。

双轴应变时应力-应变曲线不是标准的线性关系，但是表现出较好的弹性关系，说明在 −8%~8% 的双轴应变范围内，材料保持了很好的弹性状态，没有出现明显的屈服行为。与单轴应变的应力-应变相比有区别，单轴应变时，外加应变方向上，应力-应变曲线表现出很好的线性关系，但是双轴应变时并不是标准的线性关系。

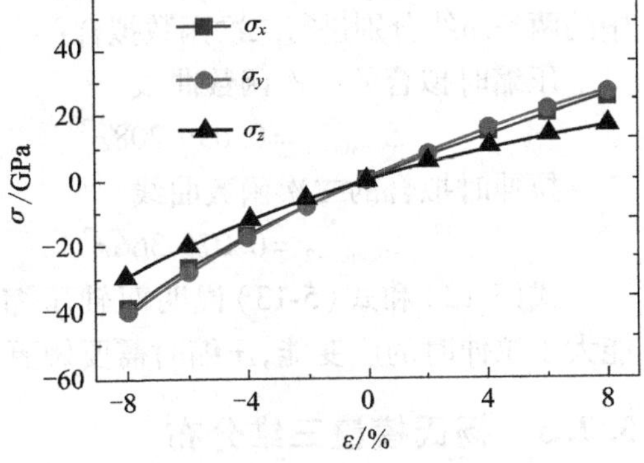

图 5-3　双轴应变下 $Al_{14}Mn_2N_{16}$ 的应力-应变曲线

应变能是弹性体在受力后发生变形的同时,在其内部积蓄的一种能量,使弹性体具有做功的本领,如果不考虑能量损失,积蓄在弹性体内的应变能在数值上等于外力所做的功。根据弹性力学,应变能密度可用式(5-10)计算。

$$E_{\text{strain}} = \int_0^{\varepsilon_x} \sigma_x \mathrm{d}\varepsilon_x + \int_0^{\varepsilon_y} \sigma_y \mathrm{d}\varepsilon_y + \int_0^{\varepsilon_z} \sigma_z \mathrm{d}\varepsilon_z \tag{5-10}$$

双轴应变下,ε_z 为零,因此双轴应变时,应变能密度为

$$E_{\text{strain}} = \int_0^{\varepsilon_x} \sigma_x \mathrm{d}\varepsilon_x + \int_0^{\varepsilon_y} \sigma_y \mathrm{d}\varepsilon_y \tag{5-11}$$

应变能密度对体积积分便得到应变能。

第一性原理可以在每一次施加应变后计算出该应变下体系的总能量,应变能就等于有应变时的体系总能量减去无应变时的体系总能量。计算出双轴应变时的体系总能量与应变能见表 5-3,应变能随应变的变化关系如图 5-4 所示。

表 5-3　双轴应变下 $Al_{14}Mn_2N_{16}$ 超晶胞的总能量与应变能/eV

ε/%	Total energy	Strain energy
-8	-6 463. 532 7	6. 442 1
-6	-6 466. 509 4	3. 465 4
-4	-6 468. 506 8	1. 468 0
-2	-6 469. 630 1	0. 344 7
0	-6 469. 974 8	0. 000 0
2	-6 469. 630 1	0. 344 7
4	-6 468. 676 1	1. 298 7
6	-6 467. 184 2	2. 790 6
8	-6 465. 220 8	4. 754 0

绘制的应变能曲线如图 5-4 所示,由图可知,应变能很好地满足二次函数关系,再次说明在所加应变范围内 $Al_{14}Mn_2N_{16}$ 超晶胞属于弹性变形,对图 5-4 中的两条曲线分别进行二次函数拟合:

压缩时拟合的二次函数曲线

$$E_{\text{strain}-1} = 0.099\,208\varepsilon^2 \tag{5-12}$$

拉伸时拟合的二次函数曲线

$$E_{\text{strain}-2} = 0.075\,366\varepsilon^2 \tag{5-13}$$

式(5-12)和式(5-13)说明双轴压缩时的应变能大于拉伸时的应变能,压缩时需要做更多的功。

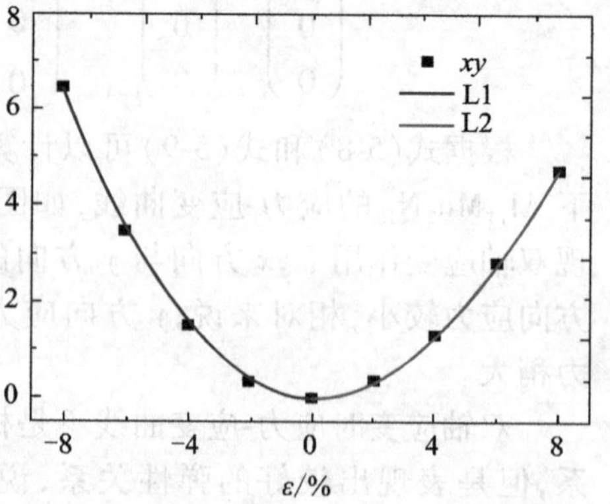

图 5-4　双轴应变下 $Al_{14}Mn_2N_{16}$ 的应变能曲线

5.2.3　杨氏模量三维分布

在双轴应变下,计算了 $Al_{14}Mn_2N_{16}$ 的柔度常数,根据式(3-4)计算了双轴应变下杨氏模量的三维分布规律,如图 5-5 所示。

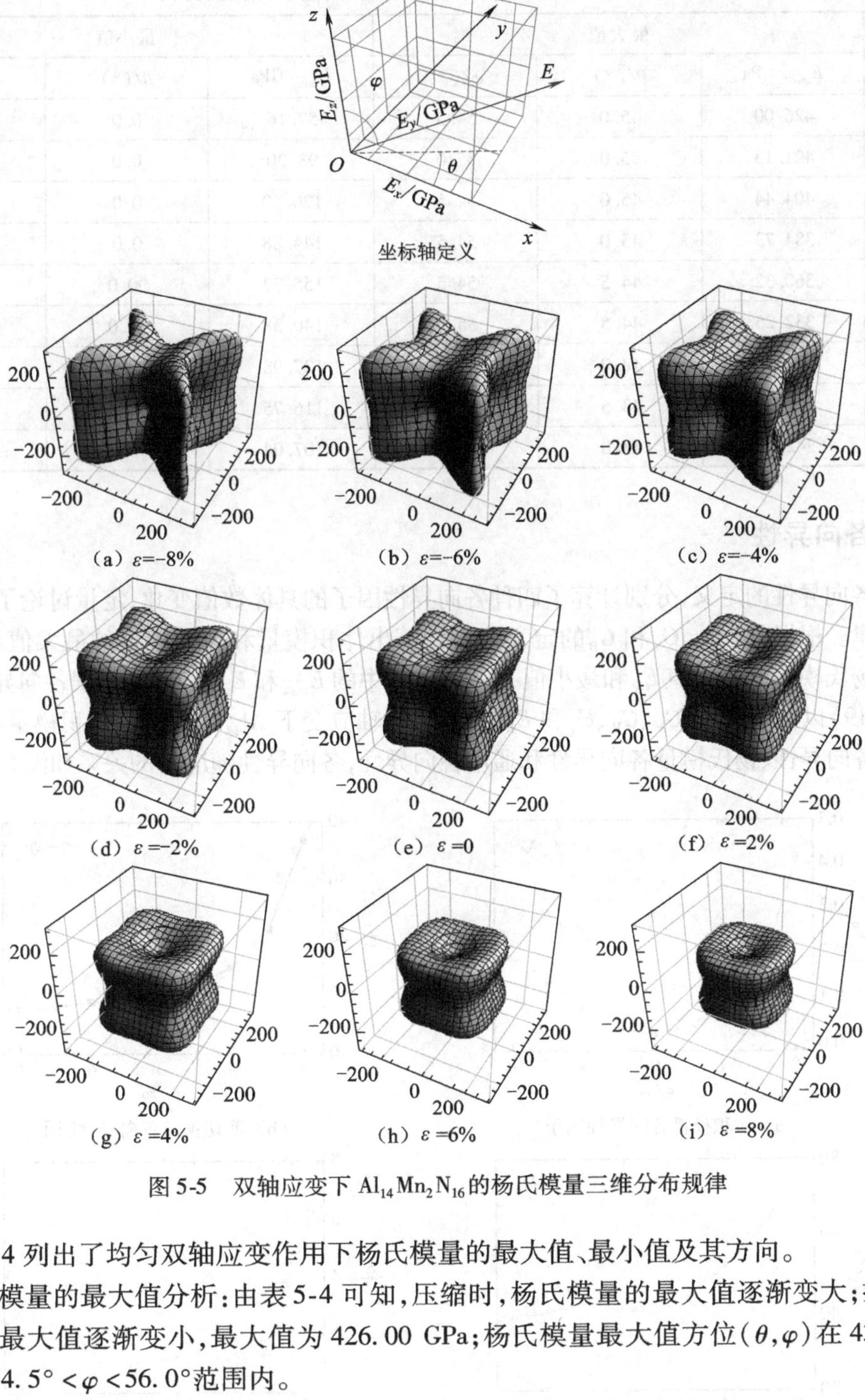

图 5-5　双轴应变下 $Al_{14}Mn_2N_{16}$ 的杨氏模量三维分布规律

表 5-4 列出了均匀双轴应变作用下杨氏模量的最大值、最小值及其方向。

杨氏模量的最大值分析：由表 5-4 可知，压缩时，杨氏模量的最大值逐渐变大；拉伸时，杨氏模量的最大值逐渐变小，最大值为 426.00 GPa；杨氏模量最大值方位 (θ,φ) 在 $43.0° < \theta < 48.0°$ 和 $54.5° < \varphi < 56.0°$ 范围内。

杨氏模量的最小值分析：由表 5-4 可知，压缩时，杨氏模量的最小值逐渐变小，最小值为 57.16 GPa；拉伸时，杨氏模量的最小值也是逐渐变小，最小值为 107.04 GPa；压缩时，最小值方向为(0°,90°)，即沿晶体的 z 方向；拉伸时，最小值方向为(90°,0°)，即沿晶体的 y 方向。

表 5-4 双轴应变下杨氏模量最大值、最小值及其方向

ε/%	最大值			最小值		
	E_{max}/GPa	θ/(°)	φ/(°)	E_{min}/GPa	θ/(°)	φ/(°)
−8	426.00	45.0	54.5	57.16	0.0	90.0
−6	421.13	45.0	55.0	98.30	0.0	90.0
−4	404.44	45.0	54.5	126.50	0.0	90.0
−2	384.73	45.0	54.5	144.88	0.0	90.0
0	360.32	44.5	54.5	155.37	90.0	0.0
2	332.25	44.5	55.0	140.38	90.0	0.0
4	318.30	48.0	54.5	127.98	90.0	0.0
6	271.20	43.5	55.0	116.75	90.0	0.0
8	242.55	43.0	56.0	107.04	90.0	0.0

5.2.4 各向异性

根据各向异性的定义，分别计算了四种各向异性因子的具体数值变化，定量讨论了各向异性的变化规律。根据 B_V、B_R、G_V 和 G_R 的定义分别计算出体积模量和剪切模量的最大值和最小值，见表 5-5，杨氏模量的最大值 E_V 和最小值 E_R 与表 5-4 中的 E_{max} 和 E_{min} 一致。根据各向异性因子的定义式(3-19)以及 B_V、B_R、G_V、G_R、E_V 和 E_R，计算了双轴应变下 $Al_{14}Mn_2N_{16}$ 的体积模量各向异性、剪切模量各向异性、杨氏模量各向异性和通用各向异性，各向异性随应变的关系如图 5-6 所示。

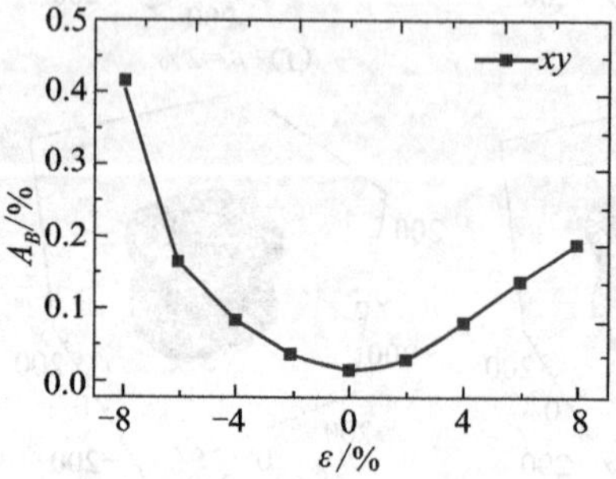

(a) 体积模量各向异性因子

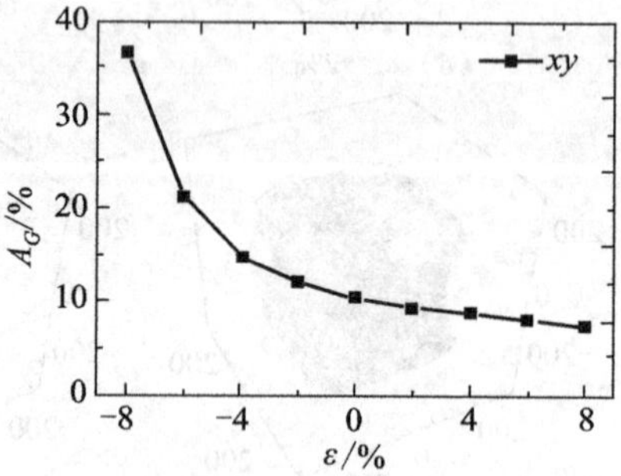

(b) 剪切模量各向异性因子

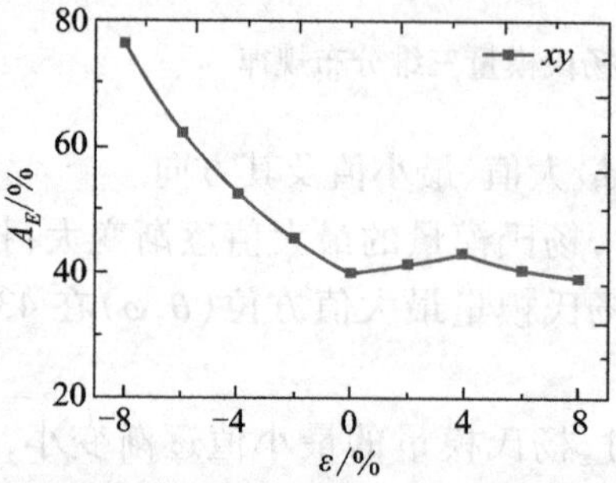

(c) 杨氏模量各向异性因子

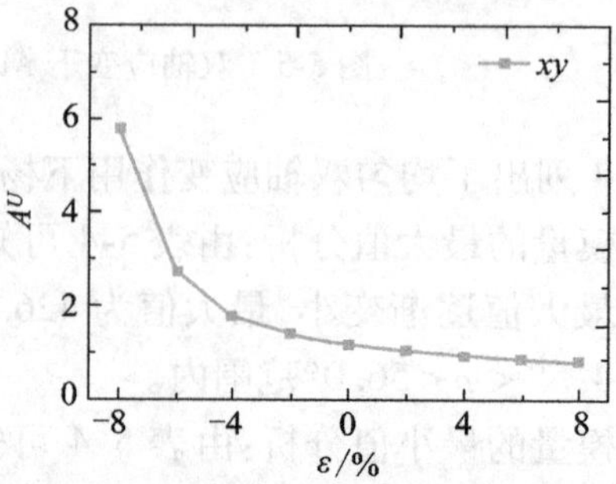

(d) 通用弹性各向异性

图 5-6 双轴应变下 $Al_{14}Mn_2N_{16}$ 的各向异性因子

体积模量各向异性因子分析：压缩和拉伸均使得体积模量各向异性增加，压缩时各向异性增加较快，拉伸时各向异性增加较慢，但是总体来说，体积模量各向异性不明显，最大值不超过0.5%。

剪切模量各向异性因子分析：压缩时剪切模量各向异性显著增加，拉伸时剪切模量各向异性逐渐减小，压缩到−8%时，各向异性达到37%，表现出很强的各向异性。

表5-5　双轴应变下 $Al_{14}Mn_2N_{16}$ 的 B_V、B_R、G_V、G_R、E_V 和 E_R

ε/%	B_V	B_R	G_V	G_R	E_V	E_R
−8	324.63	321.94	120.6	56.02	426.00	57.16
−6	281.33	280.42	123.43	80.26	421.13	98.30
−4	242.8	242.42	122.42	90.94	404.44	126.50
−2	208.07	207.94	120.64	94.85	384.73	144.88
0	177.83	177.78	117.74	95.86	360.32	155.37
2	150.92	150.84	113.32	94.04	332.25	140.38
4	127.22	127.02	108.46	91.28	318.30	127.98
6	105.93	105.64	102.08	87.1	271.20	116.75
8	87.16	86.83	95.22	82.38	242.55	107.04

杨氏模量各向异性因子分析：拉伸时杨氏模量各向异性先增加后减小，但是变化幅度不大，拉伸到4%时达到最大值42.65%；压缩时，各向异性快速增加，压缩到−8%时，各向异性达到76.34%；压缩时杨氏模量各向异性显著增加，表现出很强的各向异性。

通用各向异性因子分析：压缩时通用各向异性显著增加，拉伸时通用各向异性逐渐减小。

综合考虑体积模量各向异性、剪切模量各向异性、杨氏模量各向异性和通用各向异性，总体来说，压缩时，$Al_{14}Mn_2N_{16}$ 表现出很强的各向异性。

5.2.5　多晶体的弹性模量

计算了 $Al_{14}Mn_2N_{16}$ 多晶体在双轴应变下的弹性模量，双轴应变下多晶体的弹性如图5-7所示。

体积模量分析：压缩时体积模量增加，拉伸时体积模量减小，体积模量随应变呈现逐渐下降的规律。

剪切模量分析：拉伸时剪切模量逐渐减小，压缩时剪切模量先增加后减小，在−2%时，剪切模量达到最大值。

杨氏模量分析：拉伸时杨氏模量线性减小，压缩时杨氏模量先增加后减小，在应变为−6%时，杨氏模量达到最大值。

泊松比分析：压缩时泊松比增加，拉伸时泊松比减小，泊松比随应变几乎呈线性下降规律。

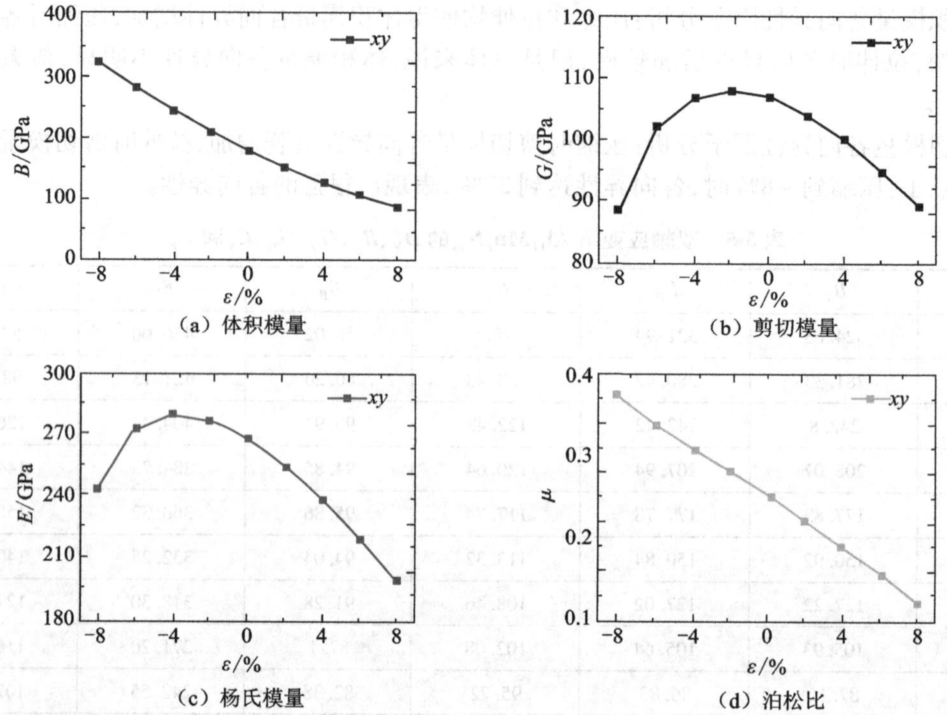

（a）体积模量 （b）剪切模量 （c）杨氏模量 （d）泊松比

图 5-7 双轴应变下 $Al_{14}Mn_2N_{16}$ 的 B、G、E 和 μ

5.2.6 硬度与延展性

计算了双轴应变下 $Al_{14}Mn_2N_{16}$ 的维氏硬度与延展性，如图 5-8 所示。

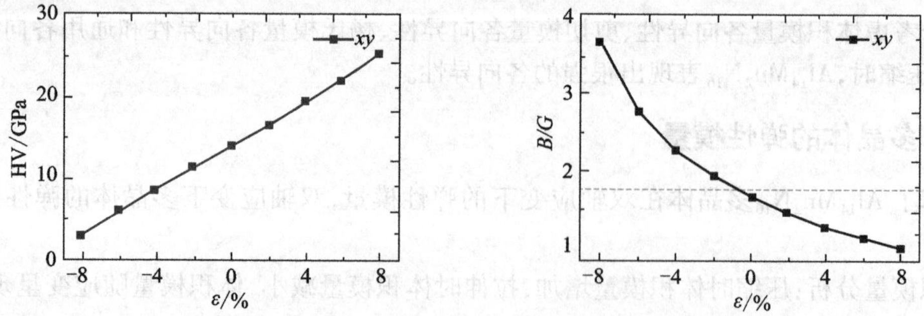

（a）维氏硬度 （b）延展性

图 5-8 双轴应变下 $Al_{14}Mn_2N_{16}$ 的维氏硬度与延展性

维氏硬度分析：如图 5-8(a) 所示，压缩时维氏硬度线性下降，拉伸时维氏硬度线性增加，硬度随应变表现出线性增加的规律。

延展性分析：如图 5-8(b) 所示，压缩时延展性增加，拉伸时延展性减小。按照 Pugh 理论，延展性大于 1.75 时表现出延展性，因此应变在 −8%～−2% 范围，材料表现出延展性，应变在 0%～8% 范围，材料表现出脆性。

维氏硬度与延展性变化规律相反，硬度增加则延展性降低，因此想同时获得较好的维氏硬度和延展性通过施加双轴应变无法实现。

5.3　双轴应变作用下 $Al_{14}Mn_2N_{16}$ 中 Mn 原子链形变行为研究

在所加双轴应变范围内，由应力-应变曲线、应变能曲线可知 $Al_{14}Mn_2N_{16}$ 超晶胞在宏观上是弹性变形，但是其内部原子的位移又是什么规律，本节将研究双轴应变下超晶胞内部原子在原子尺度的位移和变形规律。

5.3.1　Mn 原子位置变化

对于 $Al_{14}Mn_2N_{16}$ 超晶胞中原子位移行为研究，仅讨论 Mn 原子的位移，$Al_{14}Mn_2N_{16}$ 中 Mn 原子链结构如图 5-9 所示，无应变时 $Al_{14}Mn_2N_{16}$ 中两个 Mn 原子的位置分别为(0.497 3,0.5,0)和(0.252 7,0,0)，施加双轴应变之后，两个 Mn 原子的位置变化情况见表 5-6，表中 Mn 原子坐标指的是以晶格为参考系的坐标变化。

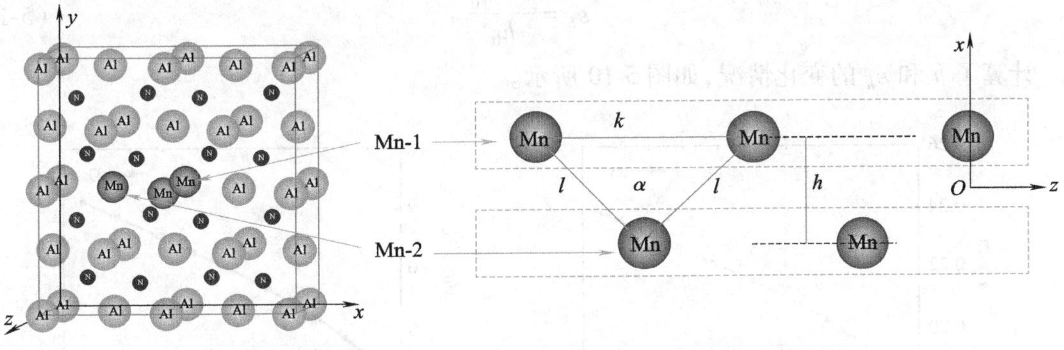

(a) $Al_{14}Mn_2N_{16}$的超晶胞结构　　　(b) Mn原子链结构

图 5-9　$Al_{14}Mn_2N_{16}$ 的超晶胞结构与 Mn 原子链结构

表 5-6　双轴应变下的 Mn 原子坐标

ε/%	Mn-1			Mn-2		
	x	y	z	x	y	z
−8	0.488 60	0.5	0	0.261 40	0.5	0.5
−6	0.492 08	0.5	0	0.257 92	0.5	0.5
−4	0.494 88	0.5	0	0.255 14	0.5	0.5
−2	0.496 29	0.5	0	0.253 73	0.5	0.5
0	0.497 33	0.5	0	0.252 67	0.5	0.5
2	0.497 90	0.5	0	0.252 10	0.5	0.5
4	0.498 68	0.5	0	0.251 32	0.5	0.5
6	0.499 29	0.5	0	0.250 72	0.5	0.5
8	0.499 86	0.5	0	0.250 15	0.5	0.5

由表 5-6 可知，均匀双轴应变作用下，x 坐标不再是 0.497 3 与 0.252 7，说明 Mn 原子在晶胞中有位置移动；仅仅 x 坐标有位置变化，而 y 坐标与 z 坐标不变。需要说明的是，以单个 $Al_{14}Mn_2N_{16}$ 超晶胞为研究对象的情况下，均匀双轴应变并没有引起 Mn 原子沿 y 方向的位移，但是 $Al_{14}Mn_2N_{16}$ 宏观晶体在双轴应变作用下，Mn 原子在 y 方向是存在位移的。

对于 Mn 原子在晶胞中位置移动，表 5-6 已经说明 Mn 原子仅仅在 x 方向有移动，相比于研究单个 Mn 原子的位移，更有意义的是研究两个 Mn 原子在 x 方向的距离变化，因此这里讨论两个 Mn 原子在 x 方向的距离 h 的变化情况。

如图 5-9(b)所示，Mn-1 原子和 Mn-2 原子的位置在 x 方向的偏移引起了 h 的变化，h 的长度计算方法：任一应变状态下，超晶胞在 x 方向的晶格常数为 a，两个 Mn 原子的 x 坐标分别为 x_{Mn-1} 和 x_{Mn-2}，因此 h 的长度按式(5-14)计算

$$h=(x_{Mn-1}-x_{Mn-2})a \tag{5-14}$$

无应变时两个 Mn 原子在 x 方向的距离记为 h_0，定义 h 的平均应变 ε_h 见式(5-15)

$$\varepsilon_h=\frac{h-h_0}{h_0} \tag{5-15}$$

计算了 h 和 ε_h 的变化情况，如图 5-10 所示。

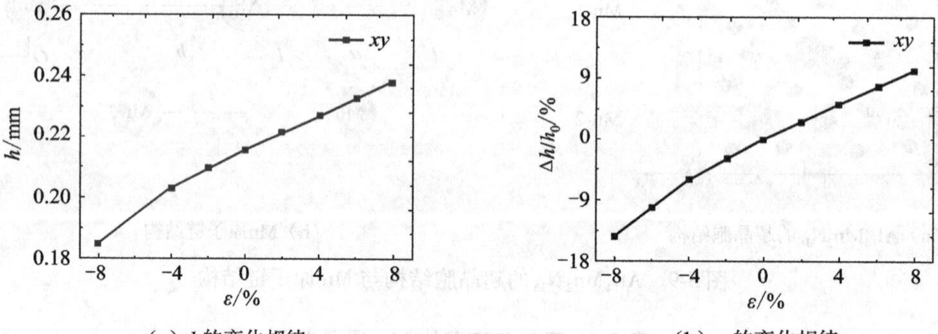

（a）h的变化规律　　（b）ε_h的变化规律

图 5-10　双轴应变下 h 与 ε_h 的变化规律

由图 5-10(a)可知，无应变时，h = 0.216 0 nm，压缩时，h 变小，拉伸时，h 变大；h 变化范围为 0.192 4 nm ~ 0.238 0 nm，y 方向应变时，h 的变化范围为 0.184 6 nm ~ 0.238 1nm；在 −4% ~ 8% 的应变范围表现出很好的线性关系，当压缩到 −6% 之后，h 的变化增大。

图 5-10(b)给出了平均应变 ε_h 随应变的变化情况，在 −4% ~ 8% 的应变范围表现出很好的线性关系，当压缩到 −6% 之后，ε_h 的变化增大。可以看到，ε_h 的值大于外加应变的值，因此计算了 ε_h 和外加应变的比值关系，见表 5-7。由表 5-7 可知，其比值 $\varepsilon_h/\varepsilon$ 在 1.237 ~ 1.820 之间，平均值为 1.435。

表 5-7　双轴应变下的 ε_h、ε 与 $\varepsilon_h/\varepsilon$

ε/%	−8	−6	−4	−2	0	2	4	6	8
ε_h/%	−14.562	−10.036	−5.931	−2.839	0	2.475	5.151	7.694	10.229
ε/%	−8	−6	−4	−2	0	2	4	6	8
$\varepsilon_h/\varepsilon$	1.820	1.673	1.483	1.420	—	1.237	1.288	1.282	1.279

对 h 以及 ε_h 的研究得到以下结论：

(1) 固体外加应变时，晶体内部某些部分的应变可能会大于外加应变。

(2) 再一次证明材料在纳米尺度的变形规律与宏观尺度变形规律有差异。

5.3.2　Mn 原子链中键长键角变化

Mn 原子位置的偏移必然引起 Mn 原子链键长、键角的变化，键长、键角的变化对磁性的影响尤为重要。因此计算了双轴应变状态下 Mn 原子链的键长 l 和键角 α 的变化，如图 5-11 所示。

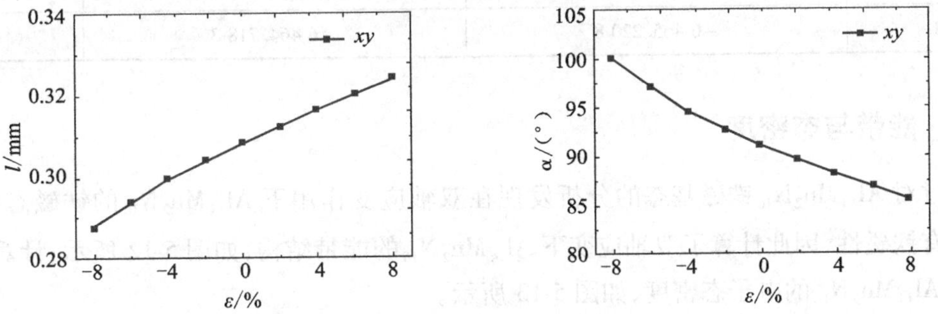

(a) 键长　　(b) 键角

图 5-11　双轴应变下 Mn 原子链键长与键角

图 5-11(a) 为 Mn 原子链的键长 l 随应变的变化情况，压缩时，键长变短；拉伸时，键长变长。在 −4%～8% 范围，键长与应变呈线性关系，压缩到 −6% 之后，键长变短较明显。

图 5-11(b) 为 Mn 原子链的键角 α 随应变的变化情况，在 −4%～8% 范围，键角与应变呈线性关系，压缩到 −6% 之后，键角变大较明显。

5.4　双轴应变下 $Al_{14}Mn_2N_{16}$ 的磁学性质

5.4.1　铁磁基态

为了分析双轴应变下 $Al_{14}Mn_2N_{16}$ 的磁学性质，首先研究其铁磁基态，铁磁基态决定了是否需要进一步研究物质的磁学性质，因此计算了 $Al_{14}Mn_2N_{16}$ 在双轴应变作用下铁磁态与反铁磁态的系统总能量，见表 5-8，表中 $\Delta E = E_{FM} - E_{AFM}$，发现铁磁态的总能量总是低于反铁磁态的总能量，因此在双轴应变作用下，体系一直具有铁磁性，有进一步研究其磁学性质的意义。

表 5-8 双轴应变下 $Al_{14}Mn_2N_{16}$ 的总能量

ε/%	E_{FM}/eV	E_{AFM}/eV	ΔE
-8	-6 463.532 7	-6 463.182 9	<0
-6	-6 466.509 4	-6 465.993 0	<0
-4	-6 468.506 8	-6 467.849 1	<0
-2	-6 469.630 10	-6 468.907 7	<0
0	-6 469.974 8	-6 469.236 7	<0
2	-6 469.630 1	-6 468.918 0	<0
4	-6 468.676 1	-6 468.018 5	<0
6	-6 467.184 2	-6 466.602 6	<0
8	-6 465.220 8	-6 464.718 3	<0

5.4.2 能带与态密度

通过对 $Al_{14}Mn_2N_{16}$ 铁磁基态的分析发现在双轴应变作用下 $Al_{14}Mn_2N_{16}$ 的铁磁态更稳定，一直具有铁磁性，因此计算了双轴应变下 $Al_{14}Mn_2N_{16}$ 的能带结构，如图 5-12 所示；计算了双轴应变下 $Al_{14}Mn_2N_{16}$ 的电子态密度，如图 5-13 所示。

双轴应变下 $Al_{14}Mn_2N_{16}$ 的能带结构分析：根据图 5-12，研究发现在双轴应变作用下，$Al_{14}Mn_2N_{16}$ 一直处于半导体结构，没有出现半导体到半金属的转变过程；由于自旋向上与自旋向下的能带不重合，因此双轴应变下体系也具有磁性；双轴应变作用下 $Al_{14}Mn_2N_{16}$ 具有的磁性属于半导体铁磁性。

双轴应变下 $Al_{14}Mn_2N_{16}$ 的电子态密度分析：根据图 5-13，压缩时，电子运动向低能量方向偏移，拉伸时，电子运动向高能量方向移动。磁性的贡献主要还是由 Mn 的 3d 电子提供。

双轴应变作用下 $Al_{14}Mn_2N_{16}$ 带隙宽度的变化情况：带隙宽度的变化如图 5-14 所示，压缩时带隙宽度先减小后增加，拉伸时带隙宽度先增加后减小。在 -4%~4% 之间表现出较好的线性规律。

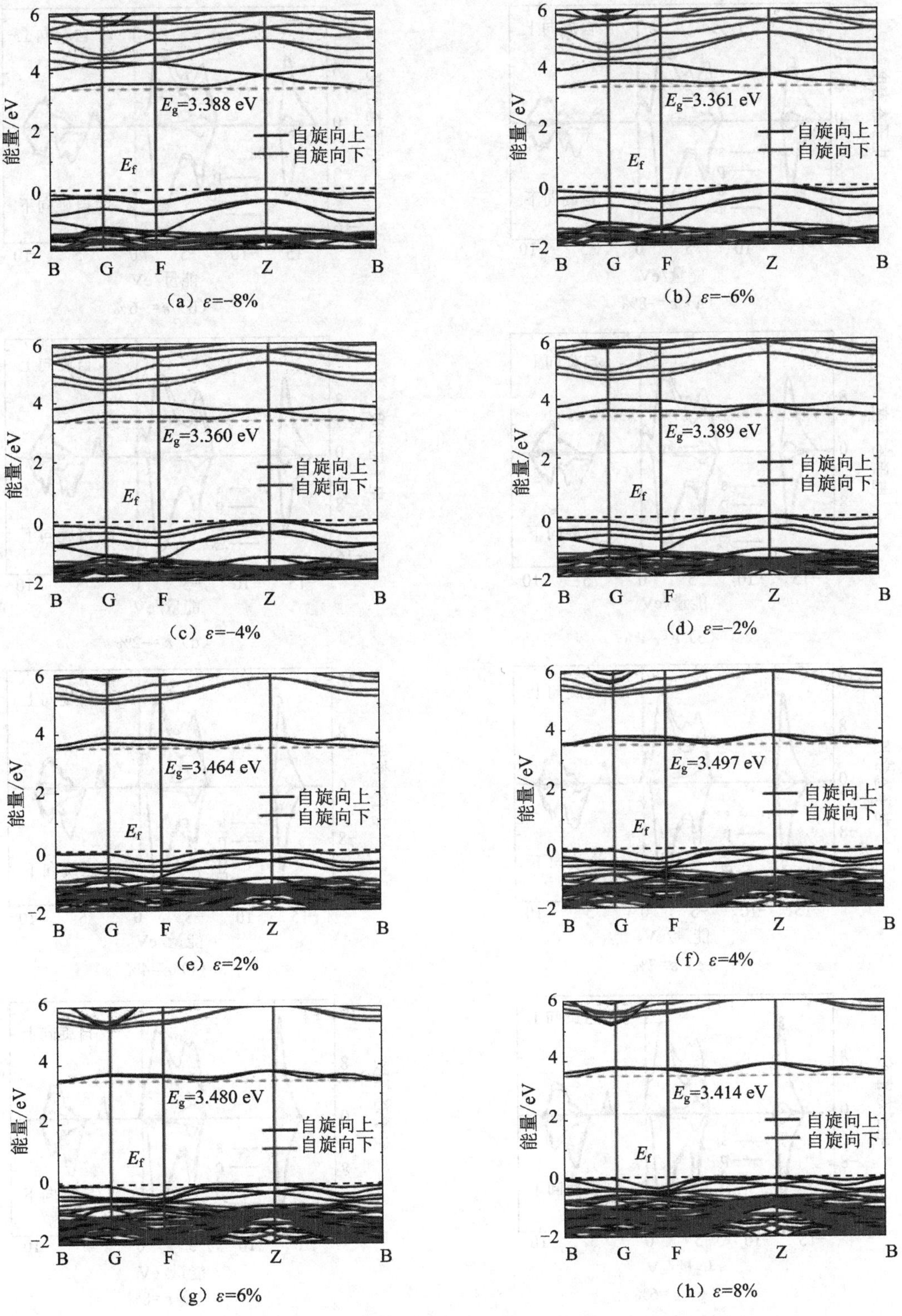

（a）ε=−8%　（b）ε=−6%　（c）ε=−4%　（d）ε=−2%　（e）ε=2%　（f）ε=4%　（g）ε=6%　（h）ε=8%

图 5-12　双轴应变下 $Al_{14}Mn_2N_{16}$ 的能带结构

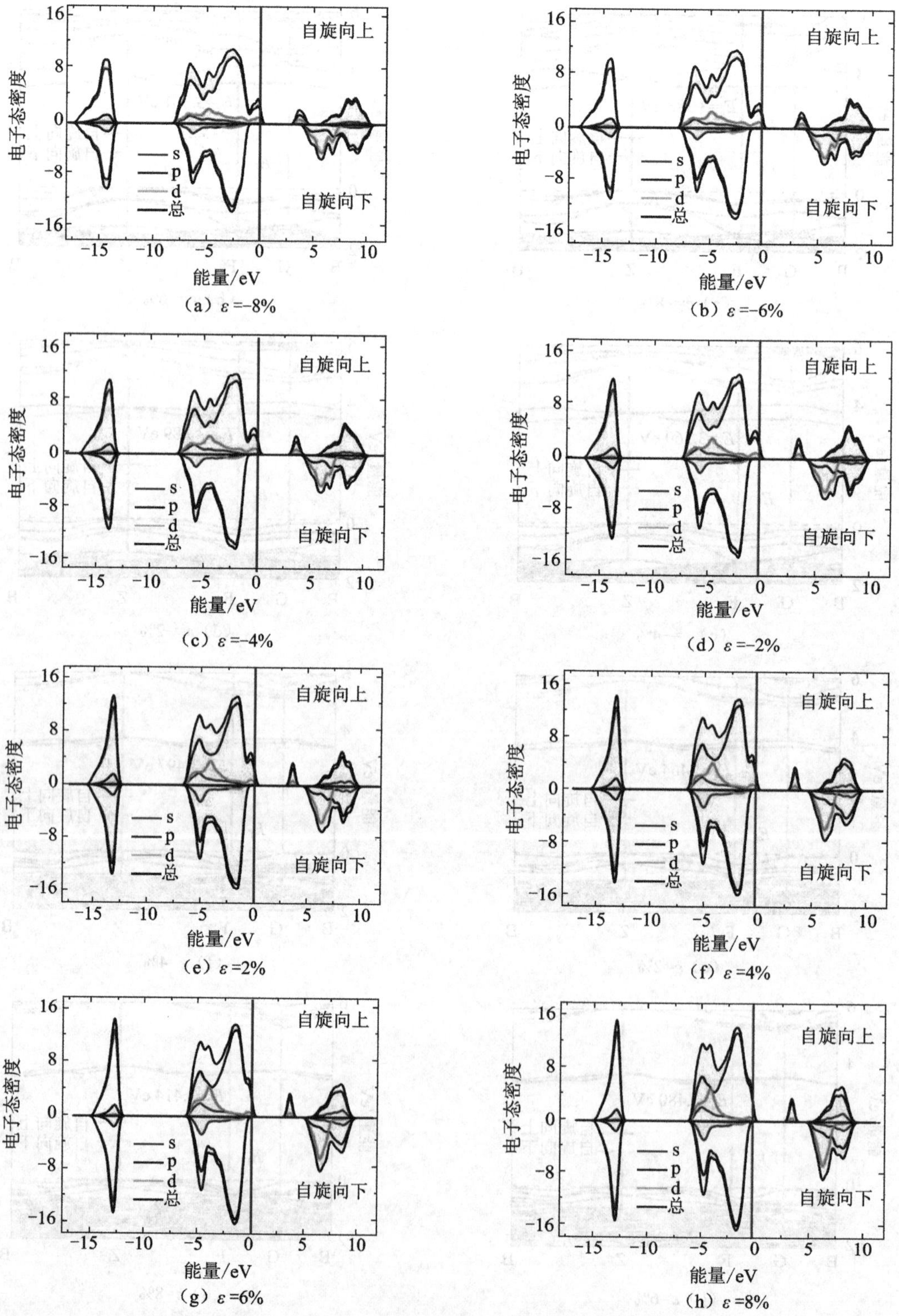

图 5-13　双轴应变下 $Al_{14}Mn_2N_{16}$ 的电子态密度

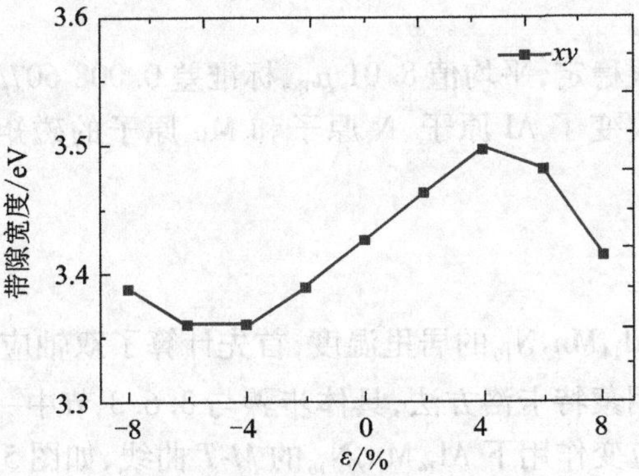

图 5-14　双轴应变下的带隙宽度

5.4.3　磁矩

计算了双轴应变下 $Al_{14}Mn_2N_{16}$ 超晶胞的磁矩，如图 5-15 所示。

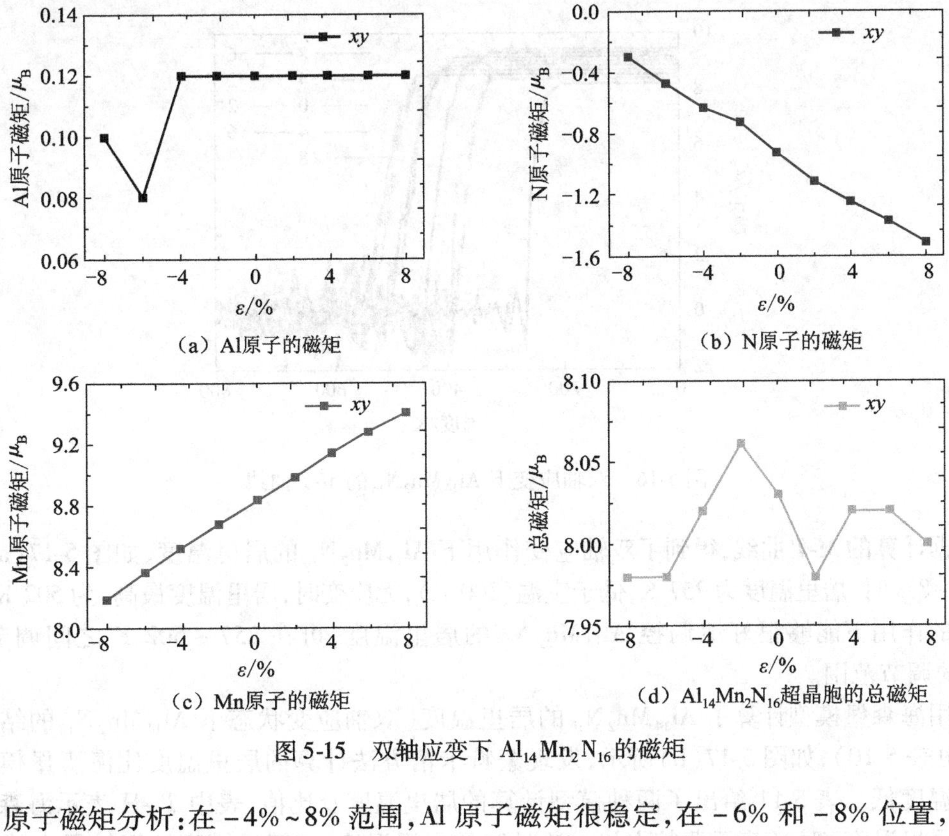

图 5-15　双轴应变下 $Al_{14}Mn_2N_{16}$ 的磁矩

Al 原子磁矩分析：在 −4%~8% 范围，Al 原子磁矩很稳定，在 −6% 和 −8% 位置，Al 原子磁矩有明显的变化。

N 原子磁矩分析：压缩时 N 原子磁矩逐渐增加，拉伸时 N 原子磁矩逐渐减小，N 原子磁矩随应变几乎呈直线关系。

Mn 原子磁矩分析：压缩时 Mn 原子磁矩减小，拉伸时 Mn 原子磁矩增加，Mn 原子磁矩随应变表现出线性增加的规律。

总磁矩分析：总磁矩很稳定，平均值 8.01 μ_B，标准差 0.008 607μ_B。

总体来说，双轴应变改变了 Al 原子、N 原子和 Mn 原子的磁矩，但是超晶胞总磁矩很稳定，没有大的波动。

5.4.4 居里温度

采用 Ising 模型计算 $Al_{14}Mn_2N_{16}$ 的居里温度，首先计算了双轴应变时对应的交换耦合常数 J 和磁矩 S，见表 5-9。采用蒙特卡洛方法，具体步骤与 3.6.3 节中一致，经历了 1×10^6 个蒙特卡洛步之后，得到了双轴应变作用下 $Al_{14}Mn_2N_{16}$ 的 M-T 曲线，如图 5-16 所示。

表 5-9 双轴应变下的交换耦合常数 J 和磁矩 S

ε/%	−8	−6	−4	−2	0	2	4	6	8
J/meV	5.228	7.388	9.061	9.588	9.445	8.831	7.872	6.754	5.686
S/μ_B	4.09	4.18	4.26	4.34	4.42	4.49	4.57	4.64	4.70

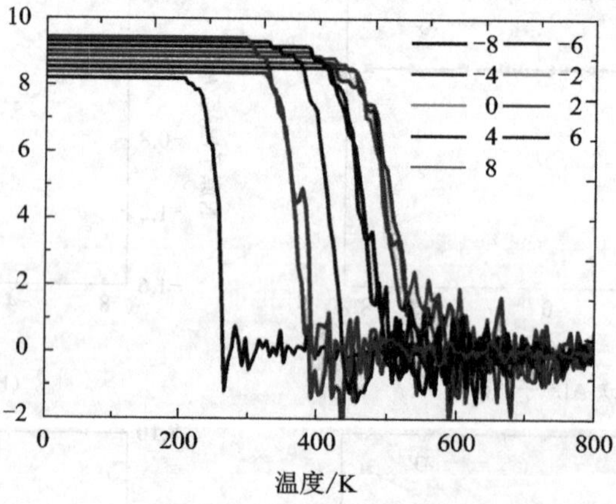

图 5-16 双轴应变下 $Al_{14}Mn_2N_{16}$ 的 M-T 曲线

根据计算的 M-T 曲线，得到了双轴应变作用下 $Al_{14}Mn_2N_{16}$ 的居里温度，如图 5-17(a) 所示。压缩到 −8% 时，居里温度为 257 K，低于室温(300 K)；无应变时，居里温度最高，为 502 K。在双轴应变的作用下能够很好地调控 $Al_{14}Mn_2N_{16}$ 的居里温度，可在 257 ~ 502 K 之间调节，具有 245 K 的调节范围。

采用海森堡模型计算了 $Al_{14}Mn_2N_{16}$ 的居里温度(双轴应变状态下 $Al_{14}Mn_2N_{16}$ 的结合能之差 ΔE 见表 5-10)，如图 5-17(b) 所示，发现蒙特卡洛方法计算的居里温度比海森堡模型计算的居里温度低。表 5-11 给出了两种模型计算的居里温度及比值，表中 T_C-H 表示海森堡模型计算的居里温度，T_C-M 表示蒙特卡洛方法计算的居里温度，海森堡模型计算结果大约是 Ising 模型计算结果的 5.5 倍。虽然海森堡模型计算的居里温度偏高，可以看到的是，两种方法得到的居里温度绝对值有差异，但是居里温度随应变的变化规律却是一致的。

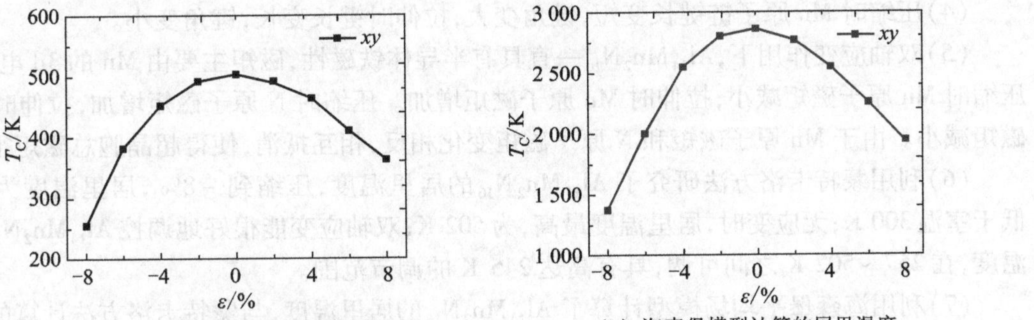

(a) Ising模型计算的居里温度　　(b) 海森堡模型计算的居里温度

图5-17　双轴应变下 $Al_{14}Mn_2N_{16}$ 的居里温度

表5-10　双轴应变下 $Al_{14}Mn_2N_{16}$ 的 ΔE/meV

ε/%	−8	−6	−4	−2	0	2	4	6	8
ΔE	21.86	32.27	41.11	45.15	46.13	44.51	41.10	36.35	31.40

表5-11　两种模型居里温度比较

ε/%	−8	−6	−4	−2	0	2	4	6	8
T_C-H/K	1 352	1 997	2 543	2 793	2 854	2 754	2 543	2 249	1 943
T_C-M/K	257	381	455	493	502	490	461	411	361
$\frac{T_C\text{-H}}{T_C\text{-M}}$	5.3	5.2	5.6	5.7	5.7	5.6	5.5	5.5	5.4

本章小结

本章对 $Al_{14}Mn_2N_{16}$ 超晶胞在 x 方向和 y 方向施加 −8%～8% 的均匀双轴应变，详细研究了双轴应变作用下 $Al_{14}Mn_2N_{16}$ 的力学性质和磁学性质，得到如下结论：

(1) 在 −8%～8% 的双轴应变范围内，$Al_{14}Mn_2N_{16}$ 是力学稳定的，其应力-应变曲线和应变能曲线均表明在所加应变范围内 $Al_{14}Mn_2N_{16}$ 属于弹性变形，压缩比拉伸需要更大的应变能，即 $Al_{14}Mn_2N_{16}$ 难压缩易拉伸。

(2) 通过四种各向异性因子指标分析发现压缩时各向异性快速增加，表现出很强的各向异性，拉伸时体积模量各向异性增加，剪切模量各向异性、杨氏模量各向异性和通用各向异性逐渐降低。$Al_{14}Mn_2N_{16}$ 多晶体体积模量压缩时增加，拉伸时降低；剪切模量压缩到 −2% 时最大，拉伸到 8% 时最小；杨氏模量压缩到 −4% 时最大，拉伸到 8% 时最小；泊松比压缩时增加，拉伸时减小，随应变表现出较好的线性关系。压缩时维氏硬度降低，拉伸时维氏硬度增加；压缩时延展性增加，拉伸时延展性降低，压缩到 −2% 之后，$Al_{14}Mn_2N_{16}$ 表现出很好的延展性。

(3) 以单个 $Al_{14}Mn_2N_{16}$ 超晶胞为研究对象，双轴应变作用下 Mn 原子仅仅在 x 方向有位移。两个 Mn 原子在 x 方向的相对距离压缩时减小，拉伸时增加，通过相对距离的平均应变分析发现，外加应变时，晶体内部某些部分的应变可能会大于外加应变。

（4）压缩时 Mn 原子链键长变短，键角变大，拉伸时键长变长，键角变小。

（5）双轴应变作用下，$Al_{14}Mn_2N_{16}$ 一直具有半导体铁磁性，磁矩主要由 Mn 的 3d 电子贡献。压缩时 Mn 原子磁矩减小，拉伸时 Mn 原子磁矩增加。压缩时 N 原子磁矩增加，拉伸时 N 原子磁矩减小。由于 Mn 原子磁矩和 N 原子磁矩变化相反，相互抵消，使得超晶胞总磁矩很稳定。

（6）利用蒙特卡洛方法研究了 $Al_{14}Mn_2N_{16}$ 的居里温度，压缩到 −8%，居里温度为 257 K，低于室温 300 K；无应变时，居里温度最高，为 502 K；双轴应变能很好地调控 $Al_{14}Mn_2N_{16}$ 的居里温度，在 257 ~ 502 K 之间可调，具有高达 245 K 的调节范围。

（7）利用海森堡平均场模型计算了 $Al_{14}Mn_2N_{16}$ 的居里温度，与蒙特卡洛方法计算的居里温度相比，海森堡平均场模型的计算值总是偏高，海森堡平均场模型的计算结果大约是蒙特卡洛计算结果的 5.5 倍，但是两种方法计算的居里温度随应变的变化规律却是一致的。

参考文献

[1] 张跃，谷景华，尚家香，等．计算材料学基础［M］．北京：北京航空航天大学出版社，2007.

[2] MOUHAT F, COUDERT F X. Necessary and sufficient elastic stability conditions in various crystal systems [J]. Physical Review B, 2014, 90: 224104(1)-224104(4).

[3] LI L H, WANG W L, HU L, et al. First-principle calculations of structural, elastic and thermodynamic properties of Fe-B compounds[J]. Intermetallics, 2014, 46: 211-221.

[4] SATO K, DEDERICHS P H, KATAYAMA-YOSHIDA H. Curie temperatures of Ⅲ-Ⅴ diluted magnetic semiconductors calculated from first principles[J]. Europhysics letters, 2003, 61: 403-408.

[5] SATO K, DEDERICHS P H, KATAYAMA-YOSHIDA H, et al. Exchange interactions in diluted magnetic semiconductors[J]. Journal of Physics: Condensed Matter, 2004, 16: S5491-S5497.

[6] LI L H, WANG W L, WEI B. First-principle and molecular dynamics calculations for physical properties of Ni-Sn alloy system[J]. Computational Materials Science, 2015, 99: 274-284.

[7] MAI N L, HOANG N H, DO H T, et al. Elastic and thermodynamic properties of the major clinker phases of Portland cement: Insights from first principles calculations[J]. Construction and Building Materials, 2021, 287: 122873(1)-122873(15).

[8] 关丽，刘保亭，李旭，等．萤石结构 TiO_2 的电子结构和光学性质［J］．物理学报，2008，57(1)：482-487.

[9] JIANG J, LIANG Q, MENG R, et al. Exploration of new ferromagnetic, semiconducting and biocompatible Nb_3X_8 (X = Cl, Br or I) monolayers with considerable visible and infrared light absorption[J]. Nanoscale, 2017, 9: 2992-3001.

[10] KULISH V V, HUANG W. Single-layer metal halides MX_2 (X = Cl, Br, I): stability and tunable magnetism from first principles and Monte Carlo simulations[J]. Journal of Materials Chemistry C, 2017, 5: 8734-8741.

[11] FU J, SONG T, LIANG X, et al. Room temperature ferromagnetic half metal in Mn doped cluster-assembled sodalite phase of III-N compounds[J]. Journal of Magnetism and Magnetic Materials, 2020, 499: 166295(1)-166295(7).

[12] LIN X, MAO Z, DONG S, et al. First-principles study on the electronic structures and ferromagnetism of tetragonal AlN monolayer doped with Be and C[J]. Computational Materials Science, 2021, 193: 110413(1)-110413(9).

[13] JUBLOT-LECLERC S, BOUHALI G, PALLIER F, et al. Temperature dependence of elastic strain and damage build-up in He implanted AlN[J]. Journal of the European Ceramic Society, 2021, 41: 259-267.

[14] KOURRA M H, SADKI K, DRISSI L B, et al. Mechanical response, thermal conductivity and phononic properties of group Ⅲ-Ⅴ 2D hexagonal compounds[J]. Materials Chemistry and Physics, 2021, 267: 124685(1)-124685(9).

[15] LI Q, YANG X, PENG F, et al. Elasticity, mechanical and thermal properties of submicron h-AlN: in-situ high pressure ultrasonic study[J]. Journal of the European Ceramic Society, 2021, 41: 4788-4793.

[16] SHARMA V, NATALI F, KENNEDY J, et al. The effect of low energy helium implantation on the structural, vibrational, and piezoelectric properties of AlN thin films[J]. Physica B, 2021, 601: 412481(1)-412481(5).

[17] TANG P, FENG J, WAN Z, et al. Influence of grain orientation on hardness anisotropy and dislocation behavior of AlN ceramic in nanoindentation[J]. Ceramics International, 2021, 47: 20298-20309.

[18] WEI Z, ZHANG Z, ZHANG X, et al. Preparation of unidirectional porous AlN ceramics via the combination of freeze casting and combustion synthesis[J]. Journal of Materials Science & Technology, 2022, 100: 161-168.

[19] 王树，高丽，冯影，等. $Ni_{45}Co_5Mn_{35}In_{13.8}Gd_{1.2}$磁记忆合金的相变与磁热效应[J]. 磁性材料及器件，2021, 52(7): 16-21.

[20] 施祖锋，王鲜，聂彦，等. $Mn_{0.77-x}Zn_{0.19+x}Fe_{2.04}O_4$铁氧体磁性能及热导率分析[J]. 磁性材料及器件，2020, 51(6): 1-4.

[21] YANG T X, CHEN X H, LI W, et al. First-principles calculation on the interfacial stability, electronic structure and fracture mechanism of NbN/AlN interface[J]. Materials Today Communications, 2024, 40:110013(1)-110013(10).

[22] GUO Q H, XU S J, ZHANG X Z, et al. Microstructures and interfacial behavior of Ag-CuO/AlN system by air wetting and brazing: Experiments and first-principles calculations [J]. Journal of the European Ceramic Society, 2024, 44:4963-4974.

[23] LI L, YAN X Y, YANG B Z, et al. First-principles calculations of the AlN/Ti interface properties [J]. Chemical Physics Letters, 2023, 826: 140649(1) -140649(6).

[24] MOHAMED A S, MAHMOUD A S S, NAHED H T, et al. Chemically functionalized AlN quantum dots for effective sensing and removal of methanol, ethanol, and formaldehyde: A first principle study[J]. Chemical Physics Impact, 2024, 8:100620(1)-100620(12).

[25] 莫秋燕，陈广萍，张颂，等. VA 族元素修饰对二维 AlN 电磁性质调控的理论研究[J]. 原子与分子物理学报，2024, 42(6):165-172.

[26] 孙士阳，钱远近，黄胜保，等. TiN(100)/Al(100)界面性质和电子结构的第一性原理计算[J]. 功能材料与器件学报，2024, 30(5):254-266.

[27] 熊鑫，陈茜，谢泉. La、Yb 掺杂 AlN 的光电特性和磁性的第一性原理研究[J]. 无机化学学报，2024, 40(8): 1519-1527.

[28] 张生庭，张卫文，李宁，等. BN 对 AlN 耐火材料烧结性能及抗钛熔体侵蚀性能的影响[J]. 稀有金属材料与工程，2023, 52(8): 2919-2925.

[29] 赵罡，梁汉普，段益峰. 二维 X-AlN(X = C,Si,TC)半导体的可见光调控与反常热输运[J]. 物理学报，2023, 72(9): 100-108.

[30] 余森，许晟瑞，陶鸿昌，等. 离子注入诱导成核外延高质量 AlN[J]. 物理学报，2024,73(19): 196101(1)-196101(7).